R语言应用系列

极简R语言入门

JIJIAN R YUYAN RUMEN

王 亮 洪明月 编著

图书在版编目(CIP)数据

极简R语言入门 / 王亮,洪明月编著. 一西安:西安交通大学出版社,2022.8
(R语言应用系列)
ISBN 978-7-5693-2414-3

Ⅰ.①极… Ⅱ.①王… ②洪… Ⅲ.①程序语言-程序设计 Ⅳ.①TP312

中国版本图书馆CIP数据核字(2021)第264134号

书　　名　极简R语言入门
　　　　　JIJIAN R YUYAN RUMEN
编　　著　王　亮　洪明月
责任编辑　李　颖
责任校对　王　娜

出版发行　西安交通大学出版社
　　　　　(西安市兴庆南路1号　邮政编码710048)
网　　址　http://www.xjtupress.com
电　　话　(029)82668357　82667874(市场营销中心)
　　　　　(029)82668315(总编办)
传　　真　(029)82668280
印　　刷　西安五星印刷有限公司

开　　本　720 mm×1000 mm　1/16　印张 10.5　字数 189千字
版次印次　2022年8月第1版　2022年8月第1次印刷
书　　号　ISBN 978-7-5693-2414-3
定　　价　69.00元

如发现印装质量问题,请与本社市场营销中心联系。
订购热线:(029)82665248　82667874
投稿热线:(029)82665397
读者信箱:banquan1809@126.com

前 言

我是谁?

我为什么要写这本书?

本书作者2005年毕业于西北工业大学统计学专业,自2014年起,已经在该校教授了近10年的R语言课程。这样的经历让作者在了解R语言的基础上,接触到更多的初学者,包括本科生甚至高中生和对R语言有兴趣的自学者,了解他们在学习上的需要和瓶颈。

R语言作为当今最热门的具有数据处理、计算、数据可视化等功能的计算机软件之一,近些年来受到众多相关学术界及行业界用户的密切关注。R有很多优点,比如,它是免费的;它由相关专业的科学人士编写并维护,供人们在工作学习中使用;它的功能非常强大,并且简单易懂;它支持几乎所有的操作系统,包括Windows、Mac、UNIX/Linux等。因此,近些年来以R作为数据分析主要工具的人群在不断增加,相关人士学习R的热情也非常高。

然而,经过这些年讲授R语言的体验与笔者切身使用R的体会,笔者感觉该领域的教材及教辅仍有如下一些问题(仅仅是笔者本人的认知,不一定准确):第一,目前,关于R语言的书籍和相关文献确实已经非常丰富了,但是也正是由于相关书籍太多,其中质量良莠不齐,读者很难在这些书籍中选出适合自己的一本。第二,虽然相关图书很多,但是根据若干专业图书销售网站的信息,可以发现,其中综合排序前20名的R语言图书几乎没有几本是由中国人原著的,大部分都是译著(笔者本人也曾分别于2011年和2014年与西安交通大学出版社合作出版过两本R语言的译著)。第三,译著是由翻译原著得到的,因文化、教育背景的不同,国外作者的表达方式、思维方式与国人不同。如果是一本非常专业的科技书籍,可能这方面的差异对读者的影响并不大,但是如果针对R语言入门的初学者而言,有时译著读起来就比较别扭了。第四,现有的为数不多的这些国内作者所著的R语言书,大部分是很专业的,针对性比较强,如果一个初学者想从零开始了解一些最简单的R语言及其操作,学习起来就比较费劲了。

有鉴于此,结合笔者近10年的R语言学习经验及R语言授课经验(授课期间一直采用的是笔者的译著《R语言初学者指南》),在笔者前两本R语言译著的基础上，为了给初学者提供一本更加符合中国人思维方式的入门级 R 语言书，笔者产生了编写这本书的想法。

这本书写给哪些人？

本书的主要受众定位为想学习 R 语言又没有任何基础的各方面人士，包括在校的高中生、本科生，对统计有兴趣的各行各业的参与者等。如果是想应用 R 语言从事专业的科研工作，本书的帮助可能就有限了。本书将尽量做到不需要过多的专业知识，只需要最基本的数学概念，甚至高等数学知识都不需要太多，就能入门 R 语言。本书可作为高校统计或相关专业的入门级教材使用。由于作者学识有限，本书难免存在疏漏，恳请读者多多包容指正。

准备好了吗？

我们即将开始用最简单的方式告诉你，如何使用 R 语言。

王　亮

liangwang1129@nwpu.edu.cn

2022 年 6 月于西安

目　录

第 1 章 R 的安装及环境

相信本书的大多数读者都是第一次较为系统地接触 R 语言，那么为了遵循事物的普遍认知规律，我们会带领读者由浅入深、循序渐进地学习这门语言。本章将主要介绍如何从互联网上下载、安装 R 软件，并了解 R 的运行界面，以及如何在 R 中进行一些简单的操作。

1.1 R 的安装

R 是一种开源免费且主要用于数据分析的计算环境。其官网是 www.r-project.org，点击进入，可以得到如图 1.1 所示的界面。下载安装 R，可以点击左侧的 CRAN 链接，进入后选择一个镜像，国内的用户可以选择一个中文镜像，如图 1.2 所示。点击镜像地址，可以根据读者自己的操作系统，如 Windows、Mac 或 Linux 来选择下载合适的安装程序。如果是 Windows 系统，点击"Base"下载安装文件即可。

安装完成后，将得到一个"R"的图标，点击进入，可以看到如图 1.3 所示的"R Console"，这个便是 R 的控制台界面(不同的操作系统界面可能稍有不同，这里显示的是 Windows 操作系统下的界面)。控制台中第一行显示的是当前 R 软件的版本号和一些声明，示例中安装的版本号是 4.0.3，目前能下载的最新的版本是4.2.1①。其中">"是命令提示符，其后会有一个闪烁的光标，在提示符后可以输入命令。由于 R 版本的更新问题，本书主要基于 3.5.1 版本进行代码模拟实验。

①截至 2022 年 7 月。——编者注

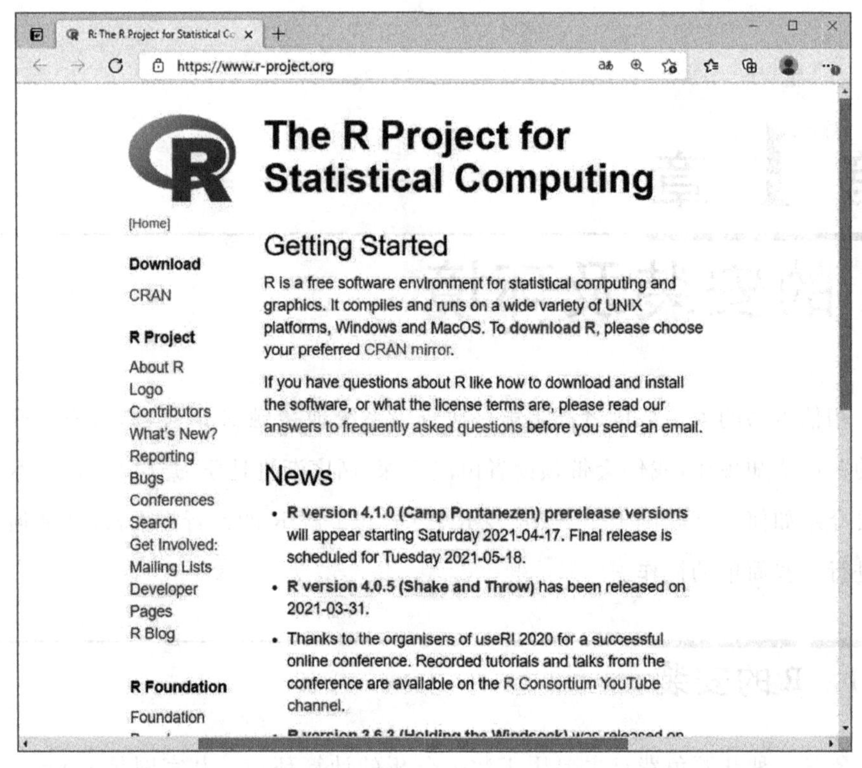

图 1.1　R 网站主界面

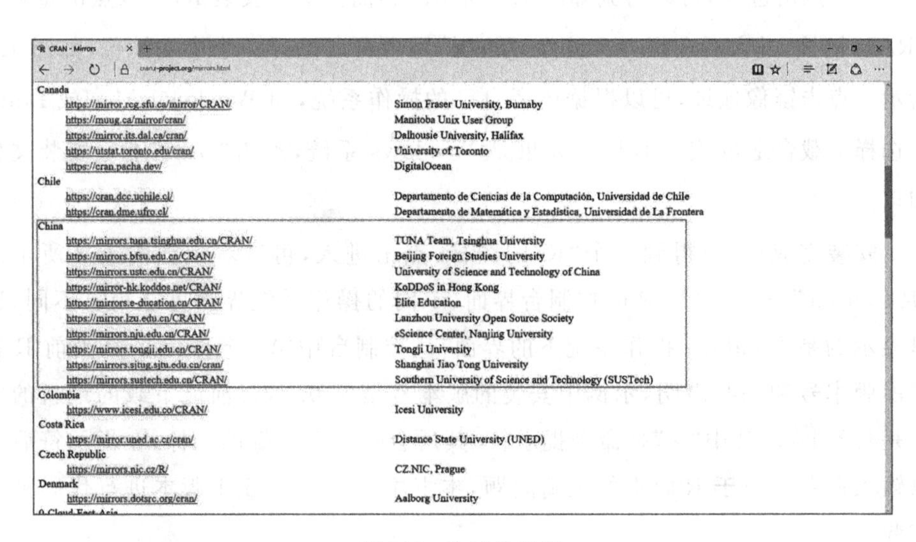

图 1.2　R 镜像列表

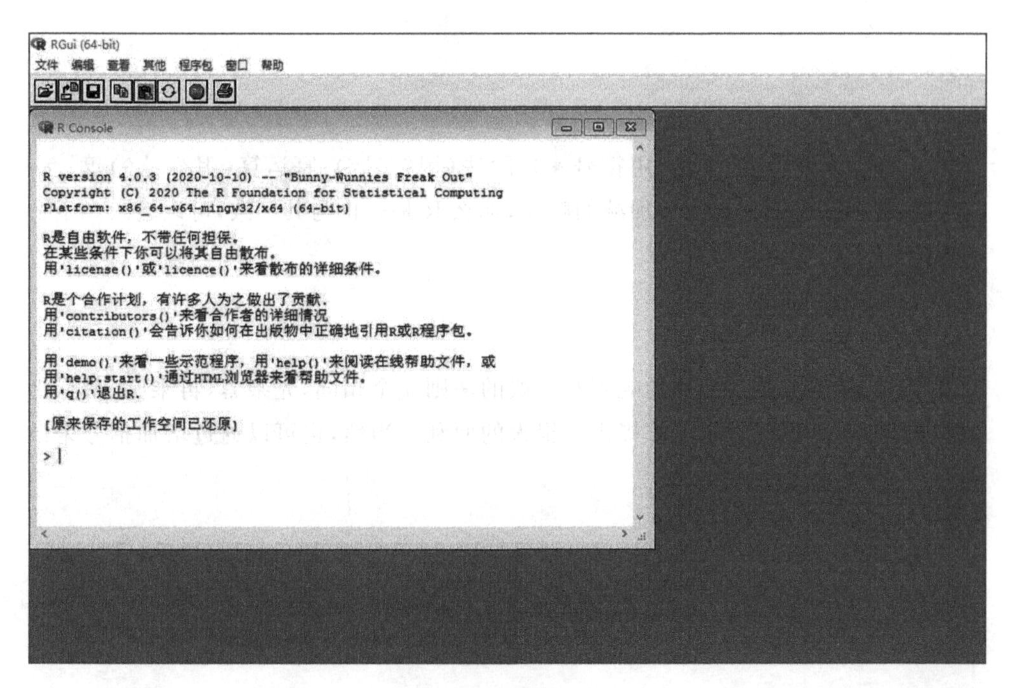

图 1.3　R 的控制台

1.2　R 中的一些最简单计算

此时由于还没有学习复杂的命令，可以先把 R 当作一个功能强大的计算器来使用。例如，可以输入

```
>2 + 5
```

然后点击“Enter”键，将得到

```
[1]  7
```

这里[1]表示该输出行第一个元素的索引编号，很显然，此处只有唯一的一个结果，因此编号是 1。不过可以想象，R 应该可以输出多个结果，这个知识点在后面章节将会介绍。可以看到，R 可以计算最简单的加法，当然，R 的功能远远不止于此。例如，输入如下几个命令，并点击“Enter”键。

```
>6 + -9
[1] -3
>7 * 4
[1]  28
>4 /10
```

```
[1]   0.4
>2 ^ 10
[1]   1024
```

R 可以识别负数、乘法(用符号 *)、除法(用符号/)、幂运算(用符号^)等。一般的数学运算遵循先乘除后加减的顺序,那么 R 是否也与其一致,可以输入如下命令验证一下。

```
>5 - 8 + 2 - 4/2 * 3^3
[1]   -55
```

显然,R 关于数学运算的规则和一般的法则完全相同,先乘幂,再乘除,最后加减。由此,R 为进行数学运算提供了很大的便利。当然,也可以通过增加括号来改变计算顺序,如

```
>5 - 9/ (1+ 2)+ 2 * (4- 4)
[1]  2
```

当一行代码太长时,可以把代码分成几行来编写,例如,

```
>2 + 3 *
+  3 - 4 * (1 - 1) +
+  5
[1]  16
```

上述代码中第二行和第三行开始的加号并不是运算符,它表示上一行代码没有结束,此行代码是接着上一行代码继续编写,此时在加号后继续输入代码即可。如果不输入代码点击“Enter”键,R 会不断地出现加号,如果想退出,此时点击“Esc”键即可结束运算。

对于一些基本的函数,R 也可以直接进行计算,如以下命令:

```
>exp(1) + sin(pi/6)
[1]  3.218282
```

命令中 pi 表示圆周率,exp 表示指数函数,sin 表示正弦函数。

如果仅仅把 R 当作一个科学计算器使用,上面的操作就基本可以满足需求。实际上,R 具有极其强大的功能,尤其是数据处理能力,能够处理复杂的计算任务,用户可以编写一些 R 脚本来实现这些复杂的功能。为了更好地使用这些功能,除了上面介绍的 R 软件,本书之后的章节将基于 RStudio 这个 IDE(集成编辑环境)来展示讲解。

1.3　RStudio 的安装

RStudio 的网址是 www. rstudio. com，打开后，将得到如图 1.4 所示的界面，根据自己的操作系统进行下载安装就可以，具体安装过程与一般的软件安装过程相仿。

图 1.4　RStudio 网站界面

软件安装完成后，会得到一个写着“R”的图标，点击进入即可打开 RStudio。其工作界面如图 1.5 所示，当然，不同的操作系统和软件版本可能会有略微的不同，为了方便讲解，本书以汉化版本进行讲解。Console 是控制台，和前面的软件一样，可以在里面输入命令来直接运行。本书后面的章节将会具体讲解界面上的其他设置。

用 RStudio 时，建议建立一个脚本来编写代码，点击“File→ New File→ R Script”，即可。新建的脚本的名字是“Untitled 1”，点击“保存”图标，如图 1.6 中绿色框中的图标，并根据个人喜好给它起一个名字将其保存在电脑中的某个位置。

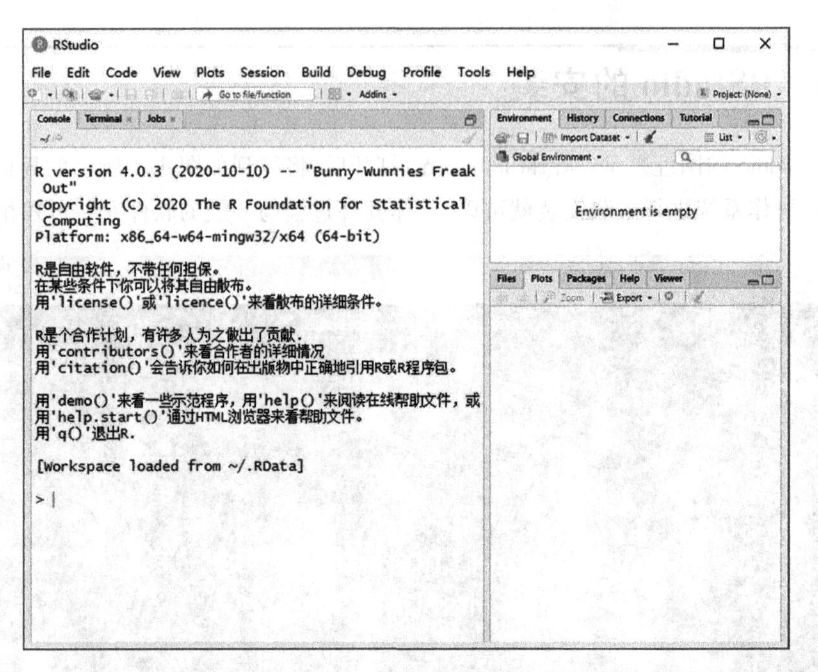

图 1.5　RStudio 的工作界面

在这个脚本文件中，可以输入各种命令，如 3 * 1 + 2，点击“Enter”键，可以看到命令并没有运行，因为这个环境仅仅是编写脚本的地方，就像 Word 或者纯文本文件一样。如果需要运行，RStudio 中提供了一些非常好的方法：若要运行当前行的命令，直接点击“Ctrl”加“Enter”键就可以（如果是 Mac 环境下点击 “Command”加“Enter”键就可以）；如果要运行当前脚本中某些指定的命令，用鼠标选定这些命令后，点击“运行”图标即可，如图 1.6 中红色框中的图标。点击图 1.6 中蓝色框中的图标后，将把最近一次运行过的代码再运行一遍。随后运行一下刚才输入的代码，将看到结果是 5，它将在 Console 控制台中输出，如图 1.6 所示。可以看到，在 RStudio 中进行脚本的书写和运行的操作是非常方便且自由的。

当然，用 RStudio 书写脚本文件的好处还有很多，例如，本来打算计算的是 3 * 2 + 1，但是不小心输入成了图 1.6 中的 3 * 1 + 2。如果是在控制台中，那只能重新输入代码，但是在脚本中，读者只需要把光标移动到书写错误的地方，删除错误的代码，重新输入正确的，再运行一下即可。当然对于这种很短的代码情况似乎没有必要专门保存一个脚本文件，但是当代码很长时，这就提供了极大的便利。另外，读者还可以将当前写完或者正在写的脚本，以及一些具有特定功能的脚本代码保存起来，方便后续使用；脚本中还支持各种复制、粘贴操作，这都为书写代码提供便利。

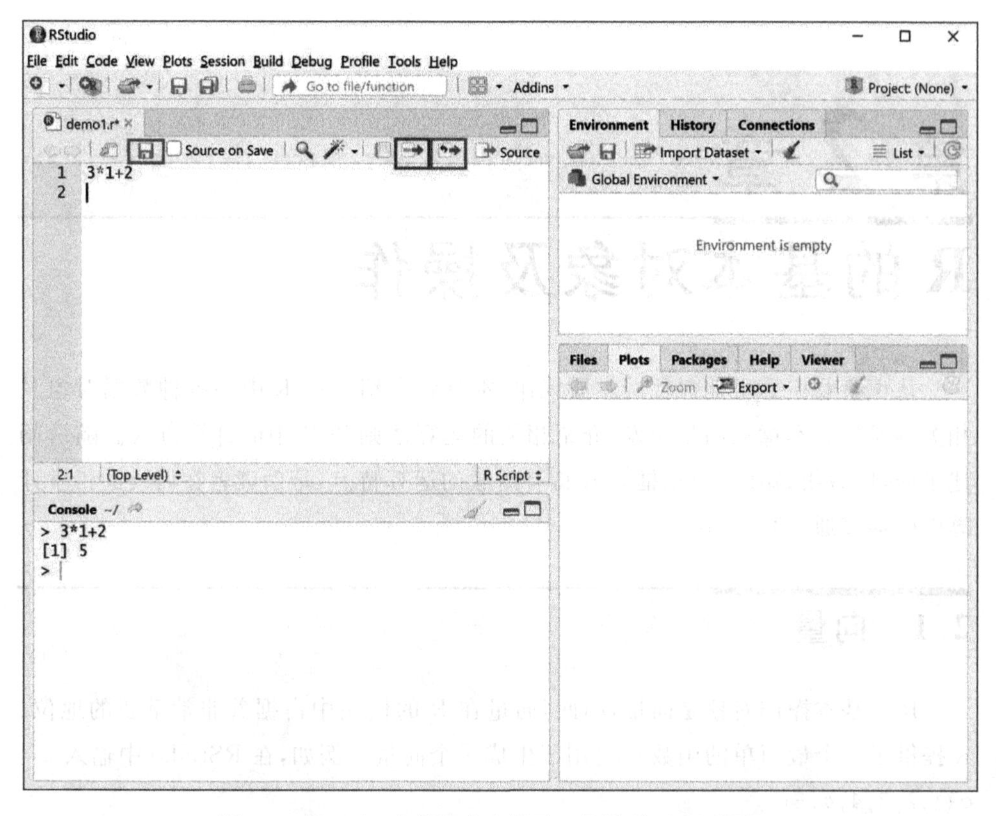

图 1.6　RStudio 中的脚本文件及一些说明(参见彩图 1)

为了熟悉 RStudio 的环境，读者可以在这个环境下尝试运行一下之前的代码和命令。从下一章开始，将在 RStudio 这个环境中实现更多的功能。

第 2 章 R 的基本对象及操作

认识事物应尽可能抓住其本质规律,本章将介绍一些 R 中的各种数据对象及相关的操作。本章从向量出发,介绍相关的运算法则和 R 中的计算方式。随后阐述了向量、数组、矩阵、数据框等 R 特有对象的运算特点,帮助读者在后续的科学计算中融会贯通、学以致用。

2.1 向量

R 的基本操作对象是向量,因此,向量在 R 的使用中占据着非常重要的地位。R 提供了一个最简单的函数 c( )用于生成一个向量。例如,在 RStudio 中输入

```
c(1,2,3,4,4,5)
```

然后运行,将得到

```
>c(1,2,3,4,4,5)
[1]  1 2 3 4 4 5
```

可以看到,这个语句生成了一个元素是数字 1、2、3、4、4、5 的向量。当然,也可以生成元素是字符串的向量,例如,输入

```
c('R',"is",'very',"useful")
```

运行后,可以在控制台中得到如下结果:

```
>c('R',"is",'very',"useful")
[1] "R"      "is"     "very"   "useful"
```

这是一个包含 4 个字符串元素的向量。在生成字符串向量的命令中,引号表示输入的对象是字符串,此处读者可以使用单引号或双引号。

如果想知道关于 c( )函数的更多用法和使用规则,读者可以参考其帮助文件,具体查看方法是运行“? c”或者 help(c)。R 中任何函数都可以采取类似方法来查阅其帮助文件。

当向量的元素是数值型时，则和一般的数字一样，R 中允许进行四则运算。例如，输入如下命令：

```
c(1,2,3,4,4,5)+c(1,2,1,2,1,2)
```

运行后，将得到

```
>c(1,2,3,4,4,5)+c(1,2,1,2,1,2)
[1] 2 4 4 6 5 7
```

可以看到，R 对于向量进行加法运算的原则是对应元素进行相加，最终得到一个和原来两个向量长度相同的一个向量。

但是，基于字符串时，无法进行算术运算，如运行如下代码，将得到

```
>c('R',"is")+c('very',"useful")
Error in c("R", "is")+c("very","useful") :
non-numeric argument to binary operator
```

如果进行加法运算的两个向量长度不一致，运算是否能进行呢？考虑输入如下命令：

```
c(1,2,3,4,4,5)+c(1,2,3)
```

运行之后，其结果如下所示：

```
>c(1,2,3,4,4,5)+c(1,2,3)
[1] 2 4 6 5 6 8
```

根据返回结果可以看到，R 给出了计算结果，前三个元素当然就是按正常向量加减得到的结果，而从第四个元素开始，4、4、5 运算后变成了 5、6、8，刚好是给它们分别再加上 1、2、3 之后的结果。可以看到，R 对于向量长度不一样时的加法，会自动将短的向量循环补充到和长的向量一样长，然后再进行运算。为方便说明，再输入如下命令：

```
c(1,2,3,4,4,5)+c(1,2,3,4)
```

运行后将会出现如下信息：

```
Warning message:
In c(1,2,3,4,4,5)+c(1,2,3,4):
  longer object length is not a multiple of shorter object length
```

因此，可以看到当两个进行加法运算的向量长度不一样，且长的向量不是短的向量的整数倍时，R 将无法给出运算结果。

上述关于向量的加法运算法则，对于减法、乘法和除法等四则运算都成立，例如，观察如下代码：

```
>c(1,2)*c(2,3)/c(2,2)-c(3,2)
[1] -2  1
```

上述代码计算了关于向量的一个四则混合运算。根据先乘除后加减的原则，首先应该计算向量(1,2)和(2,3)的乘积，其结果为向量(2,6)；进而，计算(2,6)除以(2,2)，结果为(1,3)；最后，计算(1,3)减去(3,2)，得到(－2,1)。可以看到，该结果与R计算得到的结果完全一致。因此，R针对向量可以进行四则混合运算，并且其运算顺序和法则与常规的思路完全一样。

除了c( )函数外，读者还可以使用冒号(:)来生成一个特殊的具有规则的向量，例如，输入

```
1:4
```

其返回结果将是

```
>1:4
[1] 1 2 3 4
```

反之，输入

```
4:1
```

可以看到也会得到一个向量：

```
>4:1
[1] 4 3 2 1
```

冒号生成的向量和c( )函数生成的向量都可以进行四则运算，例如，

```
4:1*c(1,2,3,4)
```

可以进行计算，其结果为

```
>4:1*c(1,2,3,4)
[1] 4 6 6 4
```

除了冒号和c( )函数之外，针对一些非常有规律的向量，R还提供了其他一些函数。例如，要生成一个从1到100、公差是2的等差数列，如果用c( )函数会比较麻烦，这时可以使用seq( )函数。

```
>seq(from=1,to=100,by=2)
 [1]  1  3  5  7  9 11 13 15 17 19 21 23 25
[14] 27 29 31 33 35 37 39 41 43 45 47 49 51
[27] 53 55 57 59 61 63 65 67 69 71 73 75 77
[40] 79 81 83 85 87 89 91 93 95 97 99
```

这里[1]、[14]、[27]、[40]表示输出行的第一个元素的索引编号，如[27]表示

后面的数字 53 是输出结果的第 27 个数字。seq( )函数的参数中 from 表示从哪个数开始，to 表示到哪个数结束，by 表示每两个数的间隔是多少，参数 by 可以省略不写，此时其默认值是 1。实际上，从数学角度来看，seq( )函数实际上生成的就是一个等差数列，from、to、by 分别表示的是这个数列的首项、末项和公差。在 R 中，这三个参数的取值都可以是实数。实际使用中，为了简单起见，在不混淆的情况下可以按如下方法来使用 seq( )函数：

```
>seq(-1.5,1.5,0.2)
[1] -1.5 -1.3 -1.1 -0.9 -0.7 -0.5 -0.3 -0.1  0.1
[10]  0.3   0.5   0.7   0.9   1.1   1.3   1.5
```

这里 seq( )的第一个参数是 from，第二个参数是 to，第三个参数是 by。

在生成向量的时候，有时 rep( )函数也是非常有用的。例如，假设需要生成一个(1,2,3,4,1,2,3,4,1,2,3,4,……)这样的序列，重复若干次，此时如果用 c( )函数将会比较繁琐，可以使用如下的 rep( )函数：

```
>rep(c(1,2,3,4),5)
[1] 1 2 3 4 1 2 3 4 1 2 3 4 1 2 3 4 1 2 3 4
```

可以看到，rep( )函数的作用是将其第一个参数 c(1,2,3,4)重复了第二个参数(也就是 5)次，因此，这个函数在生成一些非常特殊的向量时也非常有用。如果要生成(1,1,1,1,1,2,2,2,2,2,3,3,3,3,3,……)这种向量，考虑使用 rep( )函数，如下所示：

```
>rep(c(1,2,3,4),each=5)
[1]1 1 1 1 1 2 2 2 2 2 3 3 3 3 3 4 4 4 4 4
```

上述 rep( )函数生成了一个把 1、2、3、4 每个元素重复 5 次的长度是 20 的向量，参数 each 的作用就是把每个元素重复几次，而不是像上一个命令那样将向量整体重复几次。

除了上述命令外，vector( )函数也可以生成向量，它与 c( )函数的区别是，vector( )函数可以事先指定向量的长度，例如，输入如下命令：

```
vector(length=5)
```

此时，生成了一个长度是 5 的向量，运行后可以得到如下结果：

```
>vector(length=5)
[1] FALSE FALSE FALSE FALSE FALSE
```

可以看到，向量的元素值全部都是 FALSE，如何对其进行赋值将在第 3 章讲述。vector( )函数的优点在于可以事先指定向量的长度，这一点在做一些循环计算的时候非常有用。

在实际使用时，读者可以根据自己的需要，选择合适的方式来生成向量。

向量除了可以进行四则运算之外，还可以进行逻辑运算。例如，在脚本中输入如下命令：

```
c(1,2,2,3)>c(2,2,4,1)
```

将得到如下结果：

```
>c(1,2,2,3)>c(2,2,4,1)
[1] FALSE FALSE FALSE TRUE
```

这个结果表示，逻辑运算是分别对向量中的每个元素进行的，如果满足，就返回 TRUE(也可以表示为 T)，否则，将返回 FALSE(F)，其结果是一个和参与运算本身的向量长度相同的逻辑向量。

对于 R 中的大部分内置函数而言，向量都可以直接作为参数进行运算，例如，R 中 sin( )是计算正弦的函数，可以输入

```
sin(pi/6)
```

运行后，将得到如下结果，注意这里 pi 表示圆周率。

```
[1] 0.5
```

此时，如果在 sin( )的参数位置写入一个向量，例如，输入

```
sin(c(pi/6,pi/4,pi/3,pi/2))
```

运行后，将得到

```
[1] 0.5000000 0.7071068 0.8660254 1.0000000
```

对于其他的函数运算，例如计算余弦、指数运算、对数运算等都可以类似进行。在这种向量运算的保证下，在 R 中进行四则运算和基本初等函数运算将会非常方便，例如，在 R 中允许下面的运算：

```
>exp(c(0,1,2)) + (1:3) * c(2,1,0)
[1] 3.000000 4.718282 7.389056
```

由于 R 可以对向量进行运算，因此，在上述生成等差数列的基础上，可以很方便地生成等比数列。例如，需要生成首项是 3、公比是 2 的等比数列，可以采用如下代码：

```
>3 * 2^seq(0,10,1)
[1]     3     6    12    24    48    96   192   384   768
[10] 1536 3072
```

上述代码生成了这个等比数列的前 11 项。

在 RStudio 中,“Tab”键非常有用,比如在输入一个函数的时候,忘记函数名或者参数是什么形式,都可以点击“Tab”键,则会出现提示信息,这点在代码的输入过程中将提供很大的便捷。

向量可以描述数值、字符串等数据信息,是非常方便的一种数据对象。但是,有的数据对象,例如数学中的向量组,用上面的向量形式表示起来就不是很方便,这时,R 中提供了另一种非常好用的数据对象,叫作数组。

2.2 数组

数组是在程序设计中为了处理方便,把相同类型的若干元素按无序的形式组织起来的一种形式。生成一个数组使用的函数名是 array( ),它将生成一个多维向量。例如,想要生成一个 3 行 4 列的二维向量,可以采用如下代码:

```
>array(data = seq(1,9,1),dim = c(3,4))
     [,1] [,2] [,3] [,4]
[1,]    1    4    7    1
[2,]    2    5    8    2
[3,]    3    6    9    3
```

输出结果中[1,]和[,1]分别表示第一行和第一列。array( )函数的第一个参数 data 表示生成这个数组使用的数据,第二个参数 dim 表示数组的维数,这里生成的是 3 行 4 列的数组,使用的是从 1 到 9 这 9 个数。显然 1 到 9 这 9 个数并不足够填满 3 行 4 列的数组,因此,R 的处理方法是当 data 数据的长度不够时,就循环使用这些数据。在 R 中,可以省略 data 参数,例如,观察如下代码的运行结果:

```
>array(dim = c(3,2))
     [,1] [,2]
[1,]   NA   NA
[2,]   NA   NA
[3,]   NA   NA
```

可以看到,此处生成了一个 3 行 2 列的数组,但是省略了 data 参数,所以 R 将给出一个全部是空值(NA)的 3 行 2 列的数组。

使用数组时需要注意,数组中所有数据的类型必须一致,这一点和向量一致,所有数据必须全部都是数值型,或者都是字符串,等等。

实际上,上述用 array( )函数生成的对象其实就是数学中的矩阵。然而,

array( )函数中的 dim 参数可以是 3 个维度甚至更高，例如，执行下面的代码，将得到一个具有 3 个维度的数组。

```
>array(1:7,dim = c(3,4,2))
, , 1

     [,1] [,2] [,3] [,4]
[1,]    1    4    7    3
[2,]    2    5    1    4
[3,]    3    6    2    5

, , 2

     [,1] [,2] [,3] [,4]
[1,]    6    2    5    1
[2,]    7    3    6    2
[3,]    1    4    7    3
```

dim 参数的第三个维度是 2，所以，在结果中，, , 1 表示第三个维度中第一维的结果，它是一个 3 行 4 列(dim 参数的前两个维度分别是 3 和 4)的数组。显然，第三个维度中第二维的结果同样也是一个 3 行 4 列的数组。而当 array( )函数的第一个参数 data 中的数据不够用时，R 将会自动循环使用这些数据，并且，, 1 和，, 2 中的数据连续。当然，dim 参数还可以是更高维的值，此处不再详述。

2.3 矩阵

当上述的 array( )函数生成的数组具有两个维度时，其结果实际上是一个矩阵。一般还可以使用 matrix( )来生成一个矩阵，其用法如下：

```
>matrix(data = seq(1,2,1),nrow = 2, ncol = 3,
+       byrow = )
     [,1] [,2] [,3]
[1,]    1    1    1
[2,]    2    2    2
```

上面代码中第二行开始的加号表示第一行代码没有写完，第二行继续写，这个在第 1 章中已经介绍过。然而在书写脚本文件时，是没有这个加号的。结果中[1,]和[,1]分别表示矩阵的第一行和第一列。matrix( )函数中 data 参数表示生成矩阵使用的数据，nrow 和 ncol 分别表示矩阵的行数和列数，byrow 表示生成矩阵时数据是按行排列还是按列排列，当省略时其默认值是 F(FALSE)，也就是默认按列来排列的，如果需要按行来排列，将 byrow 的值改为 T(TRUE)即可。这个代码表示用 1 和 2 作为矩阵的元素来生成一个 2 行 3 列的矩阵，很显然数据不够。根据结果，可以看到，R 的处理方式是按照列来排列，循环使用这些数据。

再来看如下的代码：

```
>matrix(data = seq(1,4,1),nrow = 2, ncol = 3,
+          byrow = T)
      [,1] [,2] [,3]
[1,]    1    2    3
[2,]    4    1    2
Warning message:
In matrix(data = seq(1,4,1), nrow = 2,ncol = 3,byrow = T):
  data length [4] is not a sub-multiple or multiple of the number of columns
[3]
```

当使用 1 到 4 这 4 个数据来生成一个按行排列的矩阵时，可以看到，R 给出了警告信息，提示使用的数据长度必须是列的整数倍，那么将数据改为 1 到 9，可以得到如下代码：

```
>matrix(data = seq(1,9,1),nrow = 2, ncol = 3,
+       byrow = T)
      [,1] [,2] [,3]
[1,]    1    2    3
[2,]    4    5    6
Warning message:
In matrix(data = seq(1,9,1),nrow = 2,ncol = 3, byrow = T):
  data length [9] is not a sub-multiple or multiple of the number of rows [2]
```

根据警告信息，可以发现 R 要求 data 给出的数据长度还必须是行的整数倍。实际上，matrix( )函数中对于数据的要求是：当 data 给出的数据少于矩阵需要的数据时，那矩阵需要的数据必须是 data 给出数据长度的整数倍；当 data 给出的数据多于矩阵需要的数据时，data 给出的数据必须是矩阵需要数据的整数倍。例如，如下的命令便有效：

```
>matrix(data = seq(1,12,1),nrow = 2, ncol = 3,
+       byrow = T)
     [,1] [,2] [,3]
[1,]    1    2    3
[2,]    4    5    6
```

此处使用 1 到 12 这 12 个数据生成了一个 2 行 3 列的矩阵，按行来排列，而这个命令就有效，其结果是使用前 6 个数据来填充矩阵元素。在实际使用时，往往可以先不指定使用哪些数据来填充矩阵，也就是说，matrix( )函数允许省略 data 参数的值，如下命令也有效：

```
>matrix(nrow = 2,ncol = 3,byrow = T)
     [,1] [,2] [,3]
[1,]   NA   NA   NA
[2,]   NA   NA   NA
```

上述代码仅仅生成了一个 2 行 3 列的矩阵，其中省略 data 参数，因此 R 给出了一个全部都是空值的矩阵。第 3 章将讲述如何对其进行赋值操作。

2.4 数据框

数据框是一种使用非常广泛的数据结构，和上述矩阵、数组等不同，其每列的数据类型可以不同，但是长度必须一致。数据框这种数据结构非常适合用于数据分析，通常可以用它的每一列表示数据的一个变量或者一个属性，每一行代表一个样本。例如，生成一个包含 3 个变量(或者属性)、4 个样本的数据框，可以使用如下代码：

```
>data.frame(c('BaiH','ChenW','ChenZ','HuX'),
+           c('F','M','F','M'),
+           c(86,83,91,72))
c..BaiH....ChenW....ChenZ....HuX..
1                             BaiH
2                            ChenW
3                            ChenZ
4                              HuX
```

```
c..F....M....F....M.. c.86..83..91..72.
1                  F             86
2                  M             83
3                  F             91
4                  M             72
```

可以看到，此处使用 data.frame( )函数生成了一个数据框，其第一个和第二个变量都是一个包含 4 个字符串的向量，第三个变量是一个长度为 4 的数值向量。实际上，这个数据框存储了 4 位同学的姓名、性别和某一科考试的成绩。实际中这种数据处理问题很常见，因此，数据框具有非常重要的应用，其具体操作将在第 3 章详细讲解。此外也可以给每一个属性换一个易读的名字，这样可以使数据框看起来更加简单明了。

```
>data.frame(姓名 = c('BaiH','ChenW','ChenZ', 'HuX'),
+           性别 = c('F','M','F','M'),
+           A1 = c(86,83,91,72))
  姓名   性别  A1
1 BaiH    F   86
2 ChenW   M   83
3 ChenZ   F   91
4 HuX     M   72
```

实际上，这种给数据框的每一个属性换一个名字的操作，本质上就是给变量赋值，第 3 章将介绍如何给变量赋值及 R 中的数据输入问题。

2.5　列表

除了上述数据类型外，R 中还有一种可以存储多种形式数据的数据类型——列表，可以使用 list( )来生成一个列表，如下所示：

```
>list(c(1,2,3),c('R','is','very','useful'),
+     matrix(data = c(1,2),nrow = 2,ncol = 3),
+     data.frame(姓名 = c('BaiH','ChenW','ChenZ','HuX'),
+                性别 = c('F','M','F','M'),
+                A1 = c(86,83,91,72)))
[1]  1  2  3
```

```
[[2]]
[1] "R"    "is"     "very"   "useful"

[[3]]
     [,1] [,2] [,3]
[1,]    1    1    1
[2,]    2    2    2

[[4]]
  姓名     性别   A1
1 BaiH     F      86
2 ChenW    M      83
3 ChenZ    F      91
4 HuX      M      72
```

可以看到,上述函数 list( )生成的列表包含 4 个元素,第一个元素是一个长度为 3 的数值向量(1,2,3),第二个元素是一个长度为 4 的字符串向量(R is very useful),第三个元素是一个 2 行 3 列的矩阵,第四个元素是上面生成的包含 4 位学生成绩信息的数据框。因此,对于列表来说,其元素可以是各种不同的数据类型,包括了向量、矩阵、数组、数据框等。本书中之所以要涉及列表,是因为在 R 中很多函数(如线性回归、矩阵的特征值和特征向量、t 检验等)的输出结果都存储在列表中,所以需要对列表这种数据结构有一个基本的认识。

第3章 R中的数据输入

随着大数据时代的来临，面对海量的数据R语言也体现出其独特的分析处理能力。本章将介绍如何将数据输入到R中，并对其进行一些基本的操作。在学习过程中，应尊重客观规律，只有基于真实有效的数据，才能巧妙运用R中的函数命令进行科学严谨的分析。

3.1 变量的赋值

3.1.1 向量的赋值

基于前几章的学习可以了解到，R的基本对象是向量。在第2章中，读者也学习了什么是向量，以及如何对向量进行一些基本的操作，例如加减乘除、逻辑运算等。然而，当时只是针对向量进行了基本的计算，并直接在控制台显示结果。很显然，如果可以将向量用一个变量名存储起来，使用起来将会方便很多。R提供了赋值操作符可以完成这个操作，如下命令实现了将一个数值向量赋值给变量a的过程：

```
>a <- c(1,2,3,4,4,5)
```

运行之后，会发现在控制台上并没有什么输出的结果，这是因为这个语句仅仅将这个向量赋值给变量a，此时，a表示的就是这个向量，可以通过输入a，然后运行就能看到结果。

```
>a
[1] 1 2 3 4 4 5
```

赋值操作符除了“<- ”外，还可以用“ = ”。例如，如下命令也可以实现与上述命令相同的赋值作用：

```
>b = c('I','Love','R')
>b
```

```
[1] "I"  "Love"  "R"
```

无论使用上述哪一种操作符都可以完成赋值，但是人们往往更习惯用“<-”。R 提供了一个快速输入这个操作符的方法，点击“Alt”加“-”号键即可。在对变量进行了赋值操作之后，可以在 Rstudio 的环境栏里看到这个变量，以及其类型和具体数据，如图 3.1 所示。

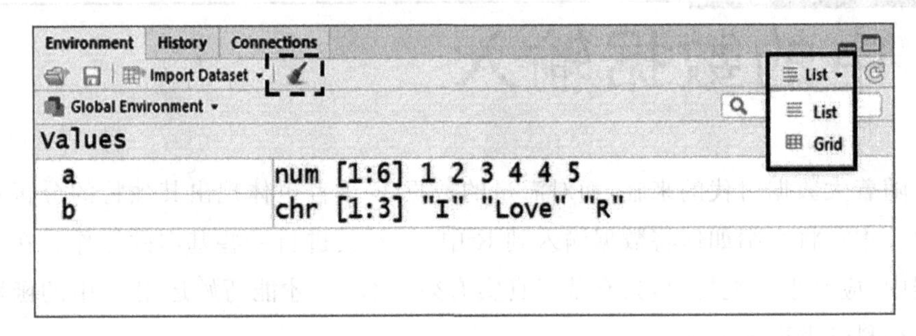

图 3.1　Rstudio 中的环境栏 1

此时，在当前的工作空间中，a、b 这些对象指代的就是上述操作对其赋予的向量。除非再次赋值，在环境栏里将这个变量清除之前，其指代不会发生变动。如果要将其清除，可以点击环境栏里的“清除”图标，如图 3.1 中虚线框中的图标。当有多个对象时只需要清除其中的某些对象，可以点击图 3.1 所示的实线框中的选项卡，将其选定为 Grid，然后选定需要清除的对象，点击“清除”图标即可，如图 3.2 所示。

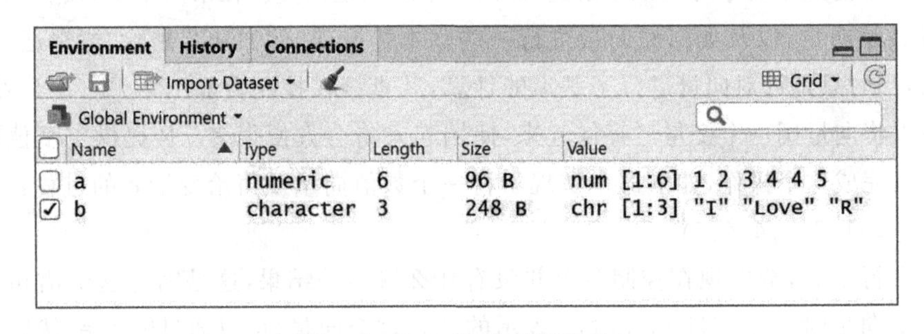

图 3.2　Rstudio 中的环境栏 2

现在，可以对变量 a 进行类似第 2 章中的各种操作，例如四则运算、函数运算、逻辑运算等。来看如下的命令：

```
>exp(a)
[1]  2.718282  7.389056  20.085537  54.598150
[5]  54.598150  148.413159
```

上述命令实现了对 a 取指数的操作，可以看到，由于 R 大部分的内置函数都支持向量作为参数，所以，a 中每一个元素都执行了指数运算。第 2 章中关于向量的各种运算，在此处都有效。

前面所讲的所有数据类型，都可以把它们放在一个变量里，这样操作起来将非常方便。但是，需要强调的是，在给变量命名的时候，有几点需要注意：第一，最好使用一些有实际意义的名字，这样当变量很多的时候可以增加代码的可读性，也可以帮助读者理解代码；第二，有一些字符不允许出现在变量名中，例如，“+，-，[ ]，*，^，%，$，#，!，<，>”等，因为这些字符大部分是运算符；第三，给变量命名时最好使用大写字母开头，因为 R 中大部分的内部函数都用的是小写字母，而 R 中的函数又很多，一般不可能记住所有的函数名，为避免与内部函数名冲突，读者在给变量命名时建议使用大写字母开头，R 区分变量名的大小写。

3.1.2　数组的赋值

除了向量可以赋值给变量以外，还可以把数组、矩阵等对象都放在一个变量里，例如，

```
>Array1<-array(dim=c(3,2))
>Array1
     [,1]  [,2]
[1,]  NA    NA
[2,]  NA    NA
[3,]  NA    NA
```

上面的命令定义了一个变量 Array1，其存储一个 3 行 2 列的数组，但是并没有赋值。读者编写代码的时候，如果变量名太长，可能会因为记错或者拼错导致无法正确输入变量名，引起错误。而在 Rstudio 中，当输入代码时，只需要输入前几个字母，然后按“Tab”键，这时 R 就会把所有可能以这几个字母开头的命令或者变量名都显示出来，只要选择需要的名称即可，这样做可以提高输入代码的效率和准确度。

如果要对数组进行赋值操作，同样采用赋值操作符“<-”即可，只不过这时需要对元素进行逐一赋值，如下所示：

```
>Array1[1,1] <-2.5
>Array1[2,1] <-2
>Array1[3,1] <-3
>Array1[1,2] <-1.5
>Array1[2,2] <-1
>Array1[3,2] <-2
```

```
>Array1
     [,1] [,2]
[1,]  2.5  1.5
[2,]  2.0  1.0
[3,]  3.0  2.0
```

这里 Array[i,j]表示数组的第 i 行第 j 列的元素。在对元素进行逐一赋值之后,这个数组的每一个元素的值都已经确定,就可以对其进行进一步地操作了。如果只给数组的个别元素进行赋值,而其他元素没有赋值的话,这时得到的数组将会是既有数值也有空值的形式,如下所示:

```
>Array1 <-array(dim=c(3,2))
>Array1[1,1] <-2.5
>Array1[2,1] <-2
>Array1[3,1] <-3
>Array1
     [,1] [,2]
[1,]  2.5   NA
[2,]  2.0   NA
[3,]  3.0   NA
```

与数组类似,也可以对 vector( )函数生成的向量进行类似的赋值,这里不再赘述。

3.1.3 矩阵的赋值

对于矩阵来说,也可以将其存储到一个变量里并通过上述方式来进行赋值操作。例如,

```
>Matrix1<-matrix(nrow=2,ncol=3)
>Matrix1[1,1] <-1.5
>Matrix1[1,2] <-2
>Matrix1[1,3] <-1
>Matrix1[2,1] <-3
>Matrix1[2,2] <-5
>Matrix1[2,3] <-2.5
>Matrix1
     [,1] [,2] [,3]
[1,]  1.5    2  1.0
```

```
[2,]  3.0   5   2.5
```

这里定义了一个 2 行 3 列的矩阵 Matrix1，并对它的每个元素进行赋值，此时，可以得到一个其中每一个元素都被赋予确定数值的矩阵。

也可以按行或者按列对矩阵或者数组进行赋值，例如，

```
>Matrix2<- matrix(nrow = 4,ncol = 2)
>Ncol1<-c(1,2,3,4)
>Ncol2<-c(5,4,6,7)
>Matrix2[,1]<-Ncol1
>Matrix2[,2]<-Ncol2
>Matrix2
     [,1]  [,2]
[1,]   1     5
[2,]   2     4
[3,]   3     6
[4,]   4     7
```

首先定义了一个 4 行 2 列的矩阵 Matrix2。然后分别定义两个长度为 4 的向量 Ncol1 和 Ncol2，把这两个向量的值赋值给矩阵的每一列，从而实现按列对矩阵的元素进行赋值。注意，这里的 Matrix2[,1]和 Matrix2[,2]分别表示矩阵的第一列和第二列，同样矩阵的第一行可以表示为 Matrix2[1,]，也可以按行对矩阵的元素进行赋值，这里不再详述。

类似地，也可以用变量来存储数据框。第 2 章虽然介绍了数据框，但是生成数据框的代码以及输出的结果并不够简洁，用变量来存储向量后，就可以使用如下较为简洁的代码来生成一个与第 2 章一样的数据框。

```
>姓名 <-c('BaiH','ChenW','ChenZ','HuX')
>性别 <-c('F','M','F','M')
>GradeA1<-c(86,83,91,72)
>StudentA1<-data.frame(姓名,性别,GradeA1)
>StudentA1
   姓名    性别    GradeA1
1  BaiH     F       86
2  ChenW    M       83
3  ChenZ    F       91
4   HuX     M       72
```

根据返回的结果可以看到，此处生成了一个包含 4 位学生姓名、性别和某一科考试成绩的数据框。这个数据框用 StudentA1 这个变量存储，变量姓名、性别、GradeA1 分别存储学生的姓名、性别和成绩。在控制台输出的数据框是一个具有 4 行 3 列的数据结构，并且行和列都有标签，3 列分别表示 Student 的 3 个属性，姓名、性别和 GradeA1，4 行分别表示 Student 的 4 个样本(4 位同学)。

其他的一些数据对象，也都可以存储在变量中，方便进行数据分析处理及相关操作，这里不再一一赘述。

当面临的数据类型比较多时，有时需要知道具体操作的变量是什么类型，这里介绍 3 个很有用的函数，class( )、attributes( )和 str( )函数。使用 class( )函数可以知道这个变量是什么类型，例如，

```
>class(Matrix1)
[1] "matrix"
```

可以看到，Matrix1 是一个“矩阵”。attributes( )函数可以了解一个变量的属性，如下代码所示：

```
>attributes(StudentA1)
$names
[1] "姓名"     "性别"      "GradeA1"
$class
[1] "data.frame"
$row.names
[1] 1 2 3 4
```

StudentA1 这个变量有 3 个属性，名字分别是“姓名”“性别”和“GradeA1”；它是一个“数据框”；它有 4 行，每行的名字分别是 1、2、3、4。使用 str( )函数可以了解一个变量的具体结构，例如，

```
>str(StudentA1)
'data.frame': 4 obs. of  3 variables:
$姓名: Factor w/4 levels "BaiH","ChenW",..: 1 2 3 4
$性别: Factor w/2 levels "F","M": 1 2 1 2
$GradeA1:num  86 83 91 72
```

借助 str( )函数可以看到，Student 这个变量是一个“数据框”，它有 4 个观察对象、3 个变量。3 个变量分别是：“姓名”，因子型，有 4 个水平；“性别”，因子型，有 2 个水平；“GradeA1”，数值型，有 4 个数值。在后面的工作中，当面临一个新的变量，尤其是一个结构比较复杂的数据框时，可以考虑对这个变量提前使用 str( )函

数，因为这样可以知道它的具体结构。

3.2　从外部文件读入数据

对于小型的数据集，可以采用 3.1 节的方法将其存储到数据类型合适的变量中，从而实现将数据读入。对于稍微复杂的数据集，这样录入数据无疑非常繁琐且工作量很大。R 提供了可以直接将外部文件中的数据读入的命令，读者可以先将要读入的数据准备好。

本着胸怀祖国、心怀天下的觉悟，致力于从统计学和数学的角度出发去探究实际问题中的奥秘，本章在图 3.3 中列出了 2020 年初 31 个省(自治区、直辖市)和新疆生产建设兵团报告新型冠状病毒肺炎疫情的部分数据①。这份数据背后所展开的故事，体现出中国共产党坚持生命至上、人民至上的不变初心，也具体展现了疫情防控全国一盘棋，汇聚起众志成城、同心协力的磅礴力量，彰显出中华民族锲而不舍、自强不息的铮铮铁骨。基于数据，可以看到，这里将不同的日期记录为“行”，按“列”分别记录累计确诊病例数、现有确诊病例数、累计死亡人数 3 类数据，当然，有一些数据有所空缺。对于外部的数据文件，一般倾向于用列表示各种变量或者指标，行表示各种样本或者观察值，而现在的这个数据文件恰好就是这种格式，这有利于后期进行数据分析。

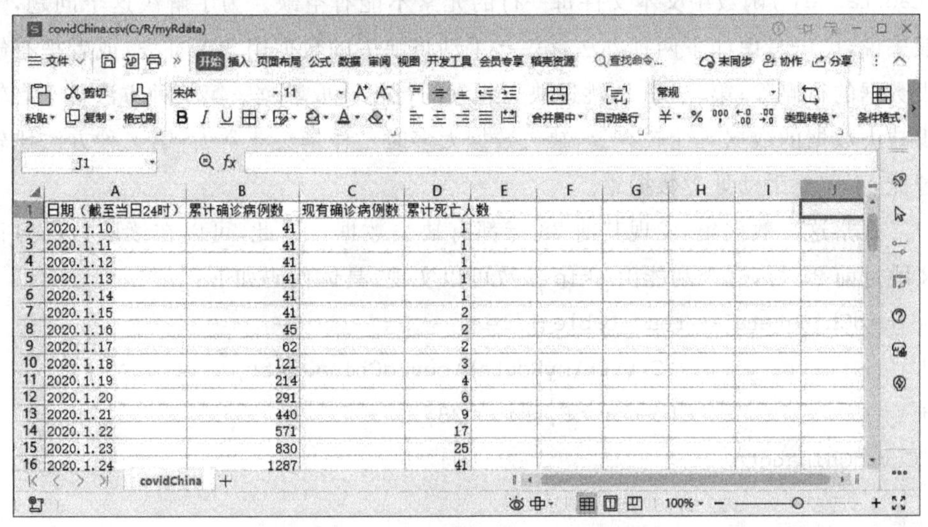

日期(截至当日24时)	累计确诊病例数	现有确诊病例数	累计死亡人数
2020.1.10	41		1
2020.1.11	41		1
2020.1.12	41		1
2020.1.13	41		1
2020.1.14	41		1
2020.1.15	41		2
2020.1.16	45		2
2020.1.17	62		2
2020.1.18	121		3
2020.1.19	214		4
2020.1.20	291		6
2020.1.21	440		9
2020.1.22	571		17
2020.1.23	830		25
2020.1.24	1287		41

图 3.3　2020 年初 31 个省(自治区、直辖市)和新疆生产建设兵团报告的新型冠状病毒肺炎疫情的部分数据

① 详细数据请查询国家及地方卫生健康委员会官方网站。——编者注

read.table( )函数是常用的一个读取外部数据的命令，它可以读取的文件类型主要包括制表符分隔的文本文件或者逗号分隔的 csv 文件。首先，考虑读取一个制表符分隔的文本文件，将此数据文件另存为“文本文件(制表符分隔)”格式，同时将其命名为“covidChina.txt”，放在电脑中的某个位置。然后，可以使用如下代码将其读入 R 中：

```
>CovidChina <- read.table(file =
+             "C:\\R\\myRdata\\covidChina.txt",
+             header = T)
```

上述命令中，file 参数表示的是数据文件的路径和文件名，告诉函数读取的是哪个文件；header = T 表示数据的第一行是标签，其默认值是 F，若有标签需将其改为 T。读取后的数据放在变量 CovidChina 中，存储的类型是数据框。

然而，运行后，会出现如下错误提示，

```
Error in scan(file = file,what = what,sep = sep,quote = quote,dec = dec,:
  line 1 did not have 4 elements
```

仔细分析得到，报错的原因是因为数据文件的第一行(不含标签)没有指定元素的个数。而导致错误的最根本原因是数据文件中有很多空缺值，也就是说，在 read.table( )函数中文本文件每一行的元素不能有空缺。为了解决这个问题，一般来说，可以考虑如下两种办法：第一，手动将缺失的数据用 NA 补齐，或者把有缺失数据的行删除；第二，让 R 跳过缺失元素的行再读取数据。第一种方法对于有较少缺失数据的数据集比较有效，缺失数据太多时工作量会非常大；第二种方法比较智能，不需要手动处理数据集。

观察这个数据集，发现其前 28 行都有缺失数据。因此，可以在读取数据时让 R 跳过前 28 行，这个功能由 skip 参数可以实现，具体代码如下：

```
>CovidChinabeta1<- read.table(file =
+                   "C:\\R\\myRdata\\covidChina.txt",
+                   header = F,skip = 28)
>CovidChinabeta1
        V1       V2     V3    V4
1   2020.2.6  31161  28985  636
2   2020.2.7  34546  31774  722
3   2020.2.8  37198  33738  811
4   2020.2.9  40171  35982  908
```

```
5  2020.2.10  42638  37626  1016
6  2020.2.11  44653  38800  1113
7  2020.2.12  59804  52526  1367
8  2020.2.13  63851  55748  1380
……
```

篇幅限制，仅展示部分数据。

上述代码中，skip = 28 表示读取数据时跳过前 28 行，其默认值是 0。读取后的数据存储在变量 CovidChinabeta1 中，除了在控制台可以查看这些数据以外，还可以在环境栏里看到这个变量名，点击即可查看数据。需要说明的一点是，在描述路径名的时候，除了使用"\\"外，还可以使用"/"，因此，如下代码也正确。

```
> CovidChinabeta1 <- read.table(file =
+                    "C:/R/myRdata/covidChina.txt",
+                    header = F, skip = 28)
```

此外，因为跳过了 28 行，而从第 29 行开始就是数据，故没有标签，所以 header 参数取值是 F，这也导致读取的数据集是没有标签的。当然，也可以把有空缺数据的行手动删除，然后再读入，这样可以保证数据是有标签的。例如，将删除了缺失数据的数据集存在文件 covidChinabeta.txt 中，如图 3.4 所示，然后再用如下代码读取这些数据。

covidChinabeta - 记事本

文件(F)　编辑(E)　格式(O)　查看(V)　帮助(H)

日期（截至当日24时）	累计确诊病例数	现有确诊病例数	累计死亡人数
2020.2.6	31161	28985	636
2020.2.7	34546	31774	722
2020.2.8	37198	33738	811
2020.2.9	40171	35982	908
2020.2.10	42638	37626	1016
2020.2.11	44653	38800	1113
2020.2.12	59804	52526	1367
2020.2.13	63851	55748	1380
2020.2.14	66492	56873	1523
2020.2.15	68500	57416	1665
2020.2.16	70548	57934	1770
2020.2.17	72436	58016	1868
2020.2.18	74158	57805	2004
2020.2.19	74576	56303	2118
2020.2.20	75465	54965	2236

第 1 行，第 1 列　100%　Windows (CRLF)　ANSI

图 3.4　数据文件 covidChinabeta.txt 中的部分数据

```
>CovidChinabeta2<-read.table(file =
+                    "C:\\R\\myRdata\\covidChinabeta.txt",
+                    header = T)
```

变量 CovidChinabeta2 存储了图 3.4 中的数据，而且有标签。如果数据量过大，从控制台或者环境栏查看数据很难将数据全部查看清楚，而且也没有必要，此时，查看一下这个数据集的结构即可，如下所示：

```
>str(CovidChinabeta1)
'data.frame':    56 obs. of   4 variables:
 $ V1: Factor w/ 56 levels " 2020.2.10"," 2020.2.11",..: 21 22 23 24 1 2 3 4 5 6 ...
 $ V2:int   31161 34546 37198 40171 42638 44653 59804 63851 66492 68500 ...
 $ V3:int   28985 31774 33738 35982 37626 38800 52526 55748 56873 57416 ...
 $ V4:int   636 722 811 908 1016 1113 1367 1380 1523 1665 ...
```

可以看到，CovidChinabeta1 是一个数据框，它有 56 个对象，4 个属性(变量)，这些变量分别是：V1、V2、V3、V4。此外，还可以看到每个变量的类型是因子型还是数值型，如果是因子型还会反馈这些因子有多少个不同的水平。CovidChinabeta2 也具有类似的结构，只是它的 4 个变量名更具有实际意义。因此，在读入了数据后，并不需要逐一查看数据，而用 str( )函数查看一下数据的结构就能够对数据有一个整体的了解。

在使用 read.table( )读取数据的时候，数据文件的路径要尽量简捷。当然，也可以使用如下的命令再把路径名简化，只需要提供文件名即可，这个命令就是 setwd( )函数。首先，使用 getwd( )函数获取当前的工作目录：

```
>getwd( )
[1] "C:/Users/Liangwang/Documents"
```

如果这个目录就是当前数据文件存在的目录，那就不需要重新设定，否则可以使用 setwd( )函数来设定新的工作目录，如下所示：

```
>setwd("C:\\R\\myRdata")
>getwd( )
[1] "C:/R/myRdata"
```

可以看到数据文件都在 C 盘 R 文件夹中的 myRdata 文件中，因此可以将目录设置在这个文件(可以根据自己的实际情况来设置工作目录)，注意，这里的“\\”也可以使用“/”代替。在设置后，读取文件时 file 参数只需要写文件名即可。如下代码可以实现前面代码的功能：

```
>CovidChinabeta<- read.table(file =
+                    "covidChinabeta.txt",
+                    header = T)
```

接下来，介绍一下 read.table()函数中几个重要的参数。除了前面的 header 和 skip 外，sep 也是一个常用的参数，它表示每一行的数据用什么来分割，其默认值是空格，若希望数据之间用逗号分割，可以改为 sep = ','。dec 参数表示数值中的小数点由什么记号来表示，默认值是"."，如果想用其他符号，比如逗号表示小数点的话，改为 dec = ','就可以了。

前面的代码虽然实现了将数据读入 R 中，但是缺少一些数据信息。本着尊重客观事实、精益求精的科研进取精神，考虑其他更为全面科学的数据读取方式。下面，使用 read.table()函数读取 csv 文件。首先，将数据文件存储为"csv(逗号分隔)"格式，文件名为"covidChina.csv"。接下来，大部分操作和上面读取文本文件相似，只需要针对文件的格式调整参数值。由于之前已经将工作目录设定在 C:/R/myRdata，因此，采用如下的代码就可以读取目标文件：

```
>CovidChina<-read.table(file =
+              "covidChina.csv",header = T)
>str(CovidChina)
'data.frame':    83 obs. of   1 variable:
$日期.截至当日24时..累计确诊病例数.现有确诊病例数.累计死亡人数:
Factor w/ 83 levels "2020.1.10,41,,1",..: 1 2 3 4 5 6 7 8 9 10 ...
```

命令并没有报错，但是经过查看数据框 CovidChina 的结构，发现读入的数据有 83 个对象，却只有 1 个属性(变量)，这显然不是希望得到的数据。究其原因，read.table()函数默认的是每一行数据以空格来进行分割操作，而事实上 csv 文件使用逗号进行分割。因此，R 从每一行不同数据之间读取不到空格，认为一行就是一个数据值。解决这个问题非常容易，改变参数 sep 的取值即可。

```
>CovidChina<- read.table(file = "covidChina.csv",
+              header = T,sep = ',')
>str(CovidChina)
'data.frame':    83 obs. of  4 variables:
$日期.截至当日24时.: Factor w/ 83 levels "2020.1.10","2020.1.11",..: 1 2
3 4 5 6 7 8 9 10 ...
$累计确诊病例数    : int  41 41 41 41 41 41 45 62 121 214 ...
```

```
$现有确诊病例数   : int  NA NA NA NA NA NA NA NA NA NA ...
$累计死亡人数     : int  1 1 1 1 1 2 2 2 3 4 ...
```

此时，R 正确读入了需要的数据，它有 83 个对象，4 个属性（变量），每个变量的类型也展示在上面的代码中。可以看到，这种方式保留了原始文件中的所有数据，空缺的数据都用 NA 补全了，这在后期进行数据分析时具有积极作用。

除了 read.table()函数外，read.csv()函数也可以实现将外部数据文件读入 R 中。顾名思义，这个函数专门用来读取 csv 文件，它与 read.table()函数的作用是类似的，都是将数据文件读入 R 中，存储为数据框格式。但是，它们的一些参数的默认值不同，如在 read.csv()函数中，header 参数的默认值是 T，sep 参数的默认值是逗号。因此，针对 covidChina.csv 数据，可以使用如下的代码实现将其读入到变量 CovidChina1 中。

```
>CovidChina1<- read.csv(file = "covidChina.csv")
>str(CovidChina1)
'data.frame':     83 obs. of    4 variables:
$日期.截至当日 24 时.: Factor w/ 83 levels "2020.1.10","2020.1.11",..: 1 2 3 4 5 6 7 8 9 10 ...
$累计确诊病例数  : int  41 41 41 41 41 41 45 62 121 214 ...
$现有确诊病例数  : int  NA NA NA NA NA NA NA NA NA NA ...
$累计死亡人数    : int  1 1 1 1 1 2 2 2 3 4...
```

通过查看变量的结构，可以验证这正是需要的数据。因此，在读入数据的时候，可以根据自己数据文件的具体类型，选择更加合适的函数。

另外，如果需要读入的数据全部都是数值，并且没有不同的属性和不同的对象的区分，那么 scan()函数也可以实现将其读入到 R 中，此时读入的数据就是一个一维数组，其长度就是想读入的数据个数。如果仅仅是数值计算问题，scan()函数比较有用，它可以提高代码的效率。其具体用法为 scan(file = '…')。并且，scan()函数还可以实现从屏幕读取多行数值。例如，

```
>A <- scan()
1: 13
2: 23
3:
Read 2 items
```

运行上述第一行代码，R 会提示输入第一个数字，输入完成后点击"Enter"键，

会继续提示输入第二个数字，可以按此方式一直输入下去。当输入完成，点击“Enter”键确认即可，最终会得到一个包含所输入数字的变量，如下所示：

```
>A
[1] 13 23
```

除了 scan( )函数外，readline( )也可以实现从屏幕读取信息。两者的区别是，scan( )读取的是数字，可以读取多个；readline( )不仅可以读取数字，还可以读取字符串，但是只能读取一行，见如下代码：

```
>B <- readline( )
I love R
>B
[1] "I love R"
```

本章通过讲述变量的赋值和如何读取数据文件，实现了将外部数据读入 R 中，这在数据分析中是最简单也是非常重要的一步。在第 4 章中将讲述数据集中的一些操作问题。

第 4 章 数据集中的操作

本章面对读入到 R 中的数据信息，从数据集着手，合理把握整体与局部的辩证关系，实现从总体自然过渡到提取细节这一过程。同时，面对大量信息或者多个数据集时，既要纵览全局，又要精雕细琢，才可以在冗杂的信息中抽丝剥茧、披沙拣金，巧妙地梳理出可读性高、针对性强的数据集。本章将针对第 3 章中输入到 R 中的数据集，系统化地学习一些处理数据集的方法。

4.1 提取数据子集

对于 R 中已有的变量，有时需要访问它的子集或者提取满足某些条件的数据，因此，提取数据子集的工作是非常有意义的。

a 向量是本书学习的第一个变量：

```
>a<-c(1,2,3,4,4,5)
>a
[1] 1 2 3 4 4 5
```

如果要访问 a 的某一个元素，可以使用方括号，如下所示：

```
>a[5]
[1] 4
>a[-5]
[1] 1 2 3 4 5
>a[2:5]
[1] 2 3 4 4
>a[a>2]
[1] 3 4 4 5
```

上述的第一个代码用 a[5]提取了 a 向量的第五个元素；第二个命令 a[-5]提

取的是除了第五个元素之外 a 中其他的元素；a[2:5]提取的是 a 的第二个到第五个元素；a[a>2]提取了 a 中所有大于 2 的元素，此时，a>2 首先生成了一个长度和 a 相同的逻辑向量，然后 a[a>2]把这些逻辑向量中是 TURE 的元素提取出来。基于上述方法，可以访问一个向量的任意元素。

对于数组和矩阵，也可以用类似的方法来访问其子集。首先，用如下的代码生成前面的数组 Array1。

```
>Array1 <-array(dim = c(3,2))
>Array1[,1] <-c(2.5,2,3)
>Array1[,2] <-c(1.5,1,2)
>Array1
     [,1] [,2]
[1,]  2.5  1.5
[2,]  2.0  1.0
[3,]  3.0  2.0
```

如果要访问满足某些条件的数组的子集，比如访问数组的第一列，可以用如下方式：

```
>Array1[,1]
[1] 2.5 2.0 3.0
```

显然，如果要访问数组的第一行，可以使用 Array1[1,]。

```
>Array1[2:3,2]
[1] 1 2
>Array1[c(1,3),2]
[1] 1.5 2.0
>Array1[-1,]
     [,1] [,2]
[1,]    2    1
[2,]    3    2
>Array1[4,]
Error in Array1[4,] : subscript out of bounds
```

以上前三个代码分别实现了访问数组的第二列的第二行到第三行；访问数组的第二列的第一行和第三行；访问除第一行外的其他元素。第四个代码的目的是访问数组的第四行，但是运行后出错了，提示“下标出界”，因为这个数组本身并没有四行。因此，在建立了一个数组(或者矩阵)后，了解这个数据对象的维度是很有必要的，dim( )函数可以实现这个功能。

```
>dim(Array1)
[1] 3 2
```

从上面的代码可以看到，数组 Array1 共有两个维度，第一个维度的维数是 3，第二个维度的维数是 2。dim( )函数在了解数据集的结构和基于数组或者矩阵进行循环运算的时候非常有用，之后会陆续涉及。

矩阵相当于具有两个维度的数组，因此，对其数据子集的提取类似于上面的数组部分，如：

```
>Matrix1<-matrix(nrow = 2,ncol = 3)
>Matrix1[1,] <-c(1.5,2,1)
>Matrix1[2,] <-c(3,5,2.5)
>Matrix1
     [,1]  [,2]  [,3]
[1,]  1.5   2    1.0
[2,]  3.0   5    2.5
>dim(Matrix1)
[1] 2 3
>Matrix1[2,]
[1] 3.0 5.0 2.5
>Matrix1[2,c(1,3)]
[1] 3.0 2.5
>Matrix1[2, - 2]
[1] 3.0 2.5
```

上述代码先生成一个 2 行 3 列的矩阵 Matrix1，然后获取它的维度信息，先后访问了它的第二行；第二行的第一列和第三列；第二行中除了第二列之外的其他元素。

当然，在 R 中不仅可以访问数据集的子集，如有必要的话，还可以将这些子集存储起来。例如，可以将矩阵 Matrix1 的第二行元素存储在变量 Matrix1.2 中。

```
>Matrix1.2<-Matrix1[2,]
>Matrix1.2
[1] 3.0 5.0 2.5
```

4.2　针对数据框提取数据

数据框是非常重要的一种数据类型，对其子集的访问也可以采用 4.1 节中访问数组、矩阵子集的方式进行。下面以前面学生成绩的数据作为例子。

```
>姓名<-c('BaiH','ChenW','ChenZ','HuX')
>性别<-c('F','M','F','M')
>GradeA1<-c(86,83,91,72)
>StudentA1<-data.frame(姓名,性别,GradeA1)
>StudentA1
   姓名   性别  GradeA1
1  BaiH    F     86
2  ChenW   M     83
3  ChenZ   F     91
4  HuX     M     72
```

前面的章节中已经接触过这个数据集，其表示几位同学 A1 科目的考试成绩信息，将其存储在数据框 StudentA1 中。可以访问它的一些子集，如：

```
>StudentA1[1,1]
[1] BaiH
Levels: BaiH ChenW ChenZ HuX
>StudentA1[,2]
[1] F M F M
Levels: F M
>StudentA1[3]
   GradeA1
1      86
2      83
3      91
4      72
```

上面的第一个代码实现了访问这个数据框第一行第一列元素的功能，可以看到这个元素是 BaiH，还可以看出这个元素的属性是因子型，以及其属性的全部水平信息。第二个代码访问的是第二列的信息。第三个代码的访问形式与上面的规则略有区别，它的作用是访问到数据框 StudentA1 的第三个属性。

对于数据框而言，这样访问其子集的方式并不直观，在数据分析的时候也不是很方便，有时候可能需要访问数据框的不同属性（变量）。此时，可以使用“$”符号来实现。如下所示，使用“$”符号分别访问这个数据框的3个不同属性。

```
>StudentA1$姓名
[1] BaiH ChenW ChenZ HuX
Levels: BaiH ChenW ChenZ HuX
>StudentA1$性别
[1] F M F M
Levels: F M
>StudentA1$GradeA1
[1] 86 83 91 72
```

在输入了数据框的名字和“$”后，RStudio会自动将可能的变量名展示出来，此时只需要选择需要的属性即可，这样可以大大提高代码的书写效率。可以看到，如果数据框的某个属性是因子型，运行代码后也会将这个属性的所有不同水平展示出来，如根据第二个代码，可以看到性别的全部元素分别是F、M、F、M，此外，还可以知晓这个属性共有两个水平，分别是F和M。

同样，对于需要继续使用的数据子集，可以将其存储在一个新的变量里。例如，提取并存储学生成绩的姓名和A1科目成绩两个属性，可以使用如下代码：

```
>Student.A1<-StudentA1[,c(1,3)]
>Student.A1
   姓名    GradeA1
1  BaiH      86
2  ChenW     83
3  ChenZ     91
4  HuX       72
>Student.A1<-StudentA1[,c("姓名",'GradeA1')]
>Student.A1
   姓名    GradeA1
1  BaiH      86
2  ChenW     83
3  ChenZ     91
4  HuX       72
```

这两个代码实现了同样的功能，但是很显然第二个代码比第一个代码具有更强的可读性。因此,建议使用第二种方式来提取类似的数据子集。

对于数据框,经常需要提取数据框的元素且满足一定要求的数据信息。例如,提取所有 A1 科目成绩大于 80 分的学生名单,可以使用如下的方式进行:

```
>StudentA1[StudentA1 $ GradeA1 > 80,]
   姓名    性别   GradeA1
1   BaiH     F       86
2  ChenW     M       83
3  ChenZ     F       91
```

需要注意,判别条件 StudentA1$GradeA1 > 80 在逗号前,其生成的是一个逻辑向量,然后按“行”将逻辑值是 TURE 的对象提取出来,最终实现了提取成绩大于 80 分的学生的目的。

除了 A1 科目外,这些学生还有另外三门课程,分别是 A2、B1 和 B2 课程,具体成绩如图 4.1 所示。其中 A1、A2、B1 科目的成绩是百分制;而 B2 科目的成绩只有两个指标,P 表示 Pass,即通过,F 表示 Fail,即不及格。

***班级成绩统计表						
姓名	性别	组号	A1	A2	B1	B2
BaiH	F	1	86	55	82	P
ChenW	M	2	83	88	80	P
ChenZ	F	3	91	94	83	P
HuX	M	4	72	80	82	F

图 4.1　某班级部分学生的成绩信息

接下来再输入其他三门课的成绩。如果再重新定义一个数据框,然后把姓名、性别等信息重新输入,很显然是比较麻烦的。R 中数据框有一个非常大的优点,就是可以在不改变原数据的基础上,增加新的属性(变量)。因此,可以按照如下方式将其他三门课的成绩添加到原数据框 StudentA1 中。

```
>StudentA1 $ GradeA2<- c(55,88,94,80)
>StudentA1 $ GradeB1<- c(82,80,83,82)
>StudentA1 $ GradeB2<- c('P','P','P','F')
>StudentA1
   姓名    性别   GradeA1   GradeA2   GradeB1   GradeB2
1   BaiH     F       86        55        82         P
2  ChenW     M       83        88        80         P
3  ChenZ     F       91        94        83         P
```

```
4   HuX     M     72     80      82      F
>str(StudentA1)
'data.frame':4 obs. of  6 variables:
 $姓名    : Factor w/ 4 levels "BaiH","ChenW",..: 1 2 3 4
 $性别    : Factor w/ 2 levels "F","M": 1 2 1 2
 $GradeA1: num  86 83 91 72
 $GradeA2: num  55 88 94 80
 $GradeB1: num  82 80 83 82
 $GradeB2: chr  "P" "P" "P" "F"
```

可以看到，基于原数据框增加了 3 个属性，分别是 GradeA2、GradeB1 和 GradeB2，然后使用上面第一行到第三行的代码对其进行赋值。赋值后，原数据框变成了具有 6 个属性，新增加的数据直接添加到这个数据框中，这一点在需要添加数据或者改变数据时非常有用。当然，数据框的名字还是原来的名字，如果需要改变的话，可以把这个数据框的全部变量重新复制到一个已命名的新数据框即可，如下所示：

```
>GradeA2<- c(55,88,94,80)
>GradeB1<-c(82,80,83,82)
>GradeB2<-c('P','P','P','F')
>StudentAB<-data.frame(姓名= 姓名,性别 = 性别,
+                  A1 = GradeA1,A2 = GradeA2,
+                  B1 = GradeB1,B2 = GradeB2)
```

前三行代码先生成了 3 个向量 GradeA2、GradeB1 和 GradeB2，之前还生成了 3 个向量，分别是姓名、性别和 GradeA1，这里使用这 6 个向量重新生成了一个名为 StudentAB 的数据框。并且，给这个数据框的 6 个属性都重新命名，分别是姓名、性别、A1、A2、B1、B2。

```
>StudentAB
    姓名   性别  A1  A2  B1  B2
1   BaiH    F    86  55  82  P
2  ChenW    M    83  88  80  P
3  ChenZ    F    91  94  83  P
4    HuX    M    72  80  82  F
```

如果要频繁访问某一个数据框的话，虽然 RStudio 提供了高效的输入方式，但是每次输入数据框的名字还是较为繁琐。此时，可以使用 attach( ) 函数，把需要

访问的数据框“贴”在 R 中，如下所示：

```
>A1
Error: object 'A1' not found
>B2
Error: object 'B2' not found
>attach(StudentAB)
The following objects are masked _by_ .GlobalEnv:
    性别, 姓名
>A1
[1] 86 83 91 72
>B2
[1] P P P F
Levels: F P
```

可以看到，若直接访问 A1、B2 这些量，会提示找不到对象。当基于 StudentAB 在使用 attach( ) 函数后，便可以直接访问这些变量了，这在写代码的时候可以大大提升输入效率。有一点需要注意：上面运行完 attach(StudentAB) 后，出现了提示语句，这是因为数据框 StudentAB 中的两个变量姓名、性别和外部的变量一样使用了同样的名字，因此，这两个变量被外部的变量覆盖了。如果数据框中属性的名字和外部变量名都不一样，就不会出现这样的问题。

在使用完数据框，不需要频繁访问它的时候，可以用 detach( ) 函数把“贴”在 R 中的数据框释放掉。

```
>detach(StudentAB)
>A1
Error: object 'A1' not found
>B2
Error: object 'B1' not found
```

释放掉后，可以看到，已无法直接访问数据框中的变量。

实际上，上面所输入的学生成绩数据只是某个班级数据的一部分，而完整的数据存储在一个名为 student 的数据表格中，如图 4.2 所示。

如果要将这些数据手动输入，就比较繁琐。因此，考虑使用第 3 章学习的 read.table( ) 函数将这些数据读入到 R 中。

```
>Student<-read.table(file = 'student.csv',skip = 1,
+            header = T,sep = ',')
```

```
> str(Student)
'data.frame':26 obs. of  7 variables:
 $姓名: Factor w/ 26 levels "BaiH","ChenW",..: 1 2 3 4 5 6 7 10 8 9 ...
 $性别: Factor w/ 2 levels "F","M": 1 2 1 2 1 1 1 2 1 2 ...
 $组号: int  1 2 3 4 1 2 3 4 1 2 ...
 $A1  : int  86 83 91 72 95 77 87 88 87 54 ...
 $A2  : int  55 88 94 80 98 65 89 78 90 78 ...
 $B1  : int  82 80 83 82 89 66 90 77 88 65 ...
 $B2  : Factor w/ 2 levels "F","P": 2 2 2 1 2 2 2 2 2 1 ...
```

由于这个数据表的第一行是介绍性的文字，read.table( )函数的 skip 参数取值是 1，跳过了这一行。为了避免与前面的数据框名字重复，考虑将读入的数据存储在名为 Student 的变量中。接下来，将对这个完整的数据集进行一些提取数据子集的操作。

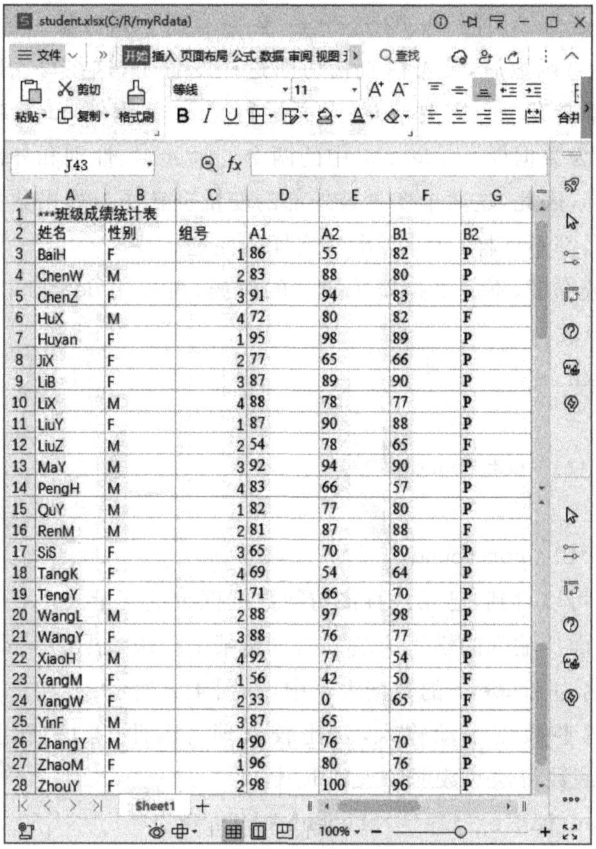

student.xlsx(C:/R/myRdata)
文件 开始 插入 页面布局 公式 数据 审阅 视图 查找
剪切 粘贴 复制 格式刷 等线 11 合并
J43 fx

	A	B	C	D	E	F	G
1	***班级成绩统计表						
2	姓名	性别	组号	A1	A2	B1	B2
3	BaiH	F	1	86	55	82	P
4	ChenW	M	2	83	88	80	P
5	ChenZ	F	3	91	94	83	P
6	HuX	M	4	72	80	82	F
7	Huyan	F	1	95	98	89	P
8	JiX	F	2	77	65	66	P
9	LiB	F	3	87	89	90	P
10	LiX	M	4	88	78	77	P
11	LiuY	F	1	87	90	88	P
12	LiuZ	M	2	54	78	65	F
13	MaY	M	3	92	94	90	P
14	PengH	M	4	83	66	57	P
15	QuY	M	1	82	77	80	P
16	RenM	M	2	81	87	88	F
17	SiS	F	3	65	70	80	P
18	TangK	F	4	69	54	64	P
19	TengY	F	1	71	66	70	P
20	WangL	M	2	88	97	98	P
21	WangY	F	3	88	76	77	P
22	XiaoH	M	4	92	77	54	P
23	YangM	F	1	56	42	50	F
24	YangW	F	2	33	0	65	F
25	YinF	M	3	87	65		P
26	ZhangY	M	4	90	76	70	P
27	ZhaoM	F	1	96	80	76	P
28	ZhouY	F	2	98	100	96	P

Sheet1
100%

图 4.2　某班级学生的成绩信息

若需要提取所有学生 B 类课程的考试成绩，并将其存储在一个变量中，可以使用如下代码：

```
>Student.B<-Student[,c(1,2,6,7)]
>Student.B
      姓名     性别  B1   B2
1    BaiH       F    82   P
2   ChenW       M    80   P
3   ChenZ       F    83   P
4      HuX      M    82   F
5   Huyan       F    89   P
6      JiX      F    66   P
......
```

篇幅限制，仅展示部分数据。

因为通过数据表可以看到姓名、性别、B 类课程的考试成绩分别位于数据框的第一、二、六、七列，所有上述代码可以达到预期的目标。但是这样的代码可读性并不好。若数据表非常大，包含的属性较多，则很难确定目标属性位于具体哪一列。而且如果表格增加了某些属性，将会导致具体的列数发生变化，代码的稳健性随之变差，而且可能会产生错误结果。面对存在的问题，应当具体问题具体分析，精益求精，逐步培养严谨、科学的科研态度，勇攀科技高峰。因此，为了解决上述问题，编写以下代码实现同样的功能，并且具有较好的可读性。

```
> Student.B<-Student[,c("姓名",'性别','B1','B2')]
>Student.B
     姓名   性别  B1   B2
1    BaiH     F    82   P
2   ChenW     M    80   P
3   ChenZ     F    83   P
4      HuX    M    82   F
5   Huyan     F    89   P
6      JiX    F    66   P
......
```

篇幅限制，仅展示部分数据。

使用上述代码，只需要知道要提取的是哪些属性即可。

对于数据框 Student，它仅有每位学生每门课程的成绩。在实际中，有时需要知道学生成绩的总分，如增加一个属性用来存储每位学生 A 类课程的总分。而对于数据框而言，处理这种问题是具有先天优势的，因为它可以在不改变原始数据的基础上直接实现这个功能。

```
>Student$Total.A<-Student$A1+Student$A2
>str(Student)
'data.frame':26 obs. of  8 variables:
 $ 姓名    : Factor w/ 26 levels "BaiH","ChenW",..: 1 2 3 4 5 6 7 10 8 9 ...
 $ 性别    : Factor w/ 2 levels "F","M": 1 2 1 2 1 1 1 2 1 2 ...
 $ 组号    : int  1 2 3 4 1 2 3 4 1 2 ...
 $ A1      : int  86 83 91 72 95 77 87 88 87 54 ...
 $ A2      : int  55 88 94 80 98 65 89 78 90 78 ...
 $ B1      : int  82 80 83 82 89 66 90 77 88 65 ...
 $ B2      : Factor w/ 2 levels "F","P": 2 2 2 1 2 2 2 2 2 1 ...
 $ Total.A: int  141 171 185 152 193 142 176 166 177 132 ...
```

可以看到，数据框增加了一个属性 Total.A 用来存储 A 类课程的总分，这个功能由上述第一行代码完成，运行之后原数据框就增添了这个属性。

上述数据中的四门课程成绩，B2 科目的成绩并不是数值，而是 F 和 P 这两个结果，这从上面的 str( ) 函数的结果中可以看到。此外，还可以看到姓名、性别、组号等属性有多少个不同的水平，但是对于 A1、A2、B1 这种数值变量，就无法确定它们有多少个不同的水平值。在某些情况下，需要确认某个变量有多少个不同的水平，也就是有多少个唯一值，这点在譬如做循环或者编写函数的时候能够提供许多便利。unique( ) 函数就可以实现这个功能，如下代码所示：

```
>  unique(Student$B1)
[1] 82 80 83 89 66 90 77 88 65 57 64 70 98 54 50 NA 76 96
> unique(Student$性别)
[1] F M
Levels: F M
```

当明确某个属性有多少个唯一值后，可能需要提取具有某个属性值的数据子集。例如，对于上述学生成绩，想提取所有女生的成绩，可以使用如下的代码来实现：

```
>Student.F<- Student[Student$性别 == 'F',]
>Student.F
    姓名    性别   组号   A1   A2   B1   B2   Total.A
1    BaiH    F      1     86   55   82   P     141
3   ChenZ    F      3     91   94   83   P     185
5   Huyan    F      1     95   98   89   P     193
6     JiX    F      2     77   65   66   P     142
7     LiB    F      3     87   89   90   P     176
9    LiuY    F      1     87   90   88   P     177
......
```

篇幅限制，仅展示部分数据。

可以看到，所有女生的成绩被提取出来，存储在数据框 Student.F 中。这个代码的逻辑关系和前面提取 80 分以上学生成绩的名单相同，先根据“Student$性别 == 'F'”这个判别条件生成一个逻辑向量，然后将逻辑值是 TURE 的“行”提取出来。

对于更复杂的条件，也可以按照上述运算进行提取。假设要提取所有 A 类课程总分高于 180 分的女生的名单，可以采用如下方式：

```
>Student.F180 <- Student[Student$性别 == 'F'
+                  & Student$Total.A>180, ]
>Student.F180
     姓名    性别   组号   A1   A2   B1   B2   Total.A
3    ChenZ    F      3     91   94   83   P     185
5    Huyan    F      1     95   98   89   P     193
26   ZhouY    F      2     98   100  96   P     198
```

同样是按照“行”来提取数据，符号“&”是逻辑运算符，表示“且”的意思，即连接的两个条件必须都同时满足。因此，同时满足条件“Student$性别 == 'F'”和“Student$Total.A>180”的条目就是目标数据，进而将其提取出来，共有 3 名同学的数据存储在变量 Student.F180 中。逻辑运算符除“&”之外，还有“或”和“非”，分别用“|”和“! =”来表示。例如，若要提取 A 类课程总分大于 180 分或者 B1 科目大于等于 82 分的学生名单，可以这样来做：

```
>Student.A180B1<- Student[Student$Total.A>180
+                          | Student$B1>81,]
```

```
>Student.A180B1
    姓名  性别  组号  A1  A2  B1  B2  Total.A
1   BaiH   F     1    86  55  82  P    141
3  ChenZ   F     3    91  94  83  P    185
4    HuX   M     4    72  80  82  F    152
5  Huyan   F     1    95  98  89  P    193
7    LiB   F     3    87  89  90  P    176
9   LiuY   F     1    87  90  88  P    177
11   MaY   M     3    92  94  90  P    186
……
```

篇幅限制,仅展示部分数据。

逻辑运算符“|”表示相连接的两个条件满足一个即可,因此,可以实现提取目标数据的任务。但是,根据要求,要提取 A 类课程总分大于 180 分或者 B1 科目大于等于 82 分的学生数据。如果此时 B1 科目有学生考了 81.5 分,上述代码就不太精确,因此,考虑用如下代码进行替换:

```
>Student.A180B1<-Student[Student$Total.A>180
+                        |Student$B1>=82,]
```

结果仍然存在于变量 Student.A180B1 中。注意,R 中大于等于、小于等于的关系分别用“>=”“<=”来表示。基于这些逻辑运算符,可以实现更多的数据提取任务。在成绩方面,经常需要知道哪些学生成绩不及格。接下来,考虑提取两个数据子集,第一个是有不及格科目的学生名单,第二个是所有科目都不及格的学生名单,假设百分制的考试 60 分及格,B2 科目中 F 表示不及格,可以使用如下代码:

```
>Student.Fail<-Student[Student$A1<60|
+                      Student$A2<60|
+                      Student$B1<60|
+                      Student$B2=='F',]
>Student.Fail
    姓名  性别  组号  A1  A2  B1  B2  Total.A
1   BaiH   F     1    86  55  82  P    141
4    HuX   M     4    72  80  82  F    152
10  LiuZ   M     2    54  78  65  F    132
12 PengH   M     4    83  66  57  P    149
```

```
14  RenM   M    2   81  87  88  F    168
16  TangK  F    4   69  54  64  P    123
20  XiaoH  M    4   92  77  54  P    169
21  YangM  F    1   56  42  50  F     98
22  YangW  F    2   33   0  65  F     33
NA  <NA>  <NA>  NA   NA  NA NA  <NA>  NA
>Student.FailAll<-Student[Student $ A1< 60 &
+                         Student $ A2<60 &
+                         Student $ B1<60 &
+                         Student $ B2 = = 'F',]
>Student.FailAll
     姓名  性别  组号  A1  A2  B1  B2  Total.A
21  YangM   F    1   56  42  50  F     98
```

第一个代码提取了有不及格科目学生的名单，将其存储在 Student.Fail 中，第二个提取的是所有科目都不及格的学生名单，仅有 1 名学生，将其存储在 Student.FailAll 中。注意到，Student.Fail 中出现了一个全部都是 NA 的数据，根据图 4.2 中某班级学生的成绩信息所示，可以看到，YinF 同学的 B1 科目缺考，所以其值为 NA，而 NA 无法与 60 比较大小，所以 R 将其全部的数据均返回为 NA。如果要去掉有缺考成绩的学生，可以使用如下函数实现：

```
>na.omit(Student.Fail)
     姓名  性别  组号  A1  A2  B1  B2
1   BaiH   F    1   86  55  82  P
4    HuX   M    4   72  80  82  F
10  LiuZ   M    2   54  78  65  F
12  PengH  M    4   83  66  57  P
14  RenM   M    2   81  87  88  F
16  TangK  F    4   69  54  64  P
20  XiaoH  M    4   92  77  54  P
21  YangM  F    1   56  42  50  F
22  YangW  F    2   33  0   65  F
```

事实上，前面生成变量 Student.A180B1 的时候，就有这个 NA 值的返回数据，同样可以采用上述函数来去掉该变量中的 NA 值。

第 5 章

一些常用的函数

荀子有言:“君子性非异也,善假于物也。”因此考虑到 R 丰硕的开源资源,合理运用已有成果无异于站在巨人的肩膀上。事实上,前面章节中所学的 c( )、seq( )、exp( )等都是函数。本章针对一般的数据类型,基于 R 已有的函数命令介绍一些常见的函数及其运用规则。

5.1 简单的计算函数

当安装 R 后,base 包(基础包)也就随 R 一起安装了(实际上,R 有大量的实现不同功能的包,来完成各种工作,初学阶段先不涉及这部分内容),基础包中包含了常用的各种函数,足够读者进行一般的数值计算。由于 R 的基本数据对象是向量,因此,R 中大部分函数都可以直接作用在向量上,来实现更加高效的分析和计算。

5.1.1 部分常见的获取数字特征的函数

为了更直观地看到函数的用法,仍然以学生的成绩作为数据对象,来逐步展示这些函数。首先,将数据录入 R 中:

```
>setwd('C:\\R\\myRdata')
>Student<-read.table(file = 'student.csv',skip = 1,
+               header = T,sep = ',')
>str(Student)
'data.frame':  26 obs. of  7 variables:
$ 姓名: Factor w/ 26 levels "BaiH","ChenW",..: 1 2 3 4 5 6 7 10 8 9 ...
$ 性别: Factor w/ 2 levels "F","M": 1 2 1 2 1 1 1 2 1 2 ...
$ 组号: int  1 2 3 4 1 2 3 4 1 2 ...
$ A1  : int  86 83 91 72 95 77 87 88 87 54 ...
```

```
$ A2  : int  55 88 94 80 98 65 89 78 90 78 ...
$ B1  : int  82 80 83 82 89 66 90 77 88 65 ...
$ B2  : Factor w/ 2 levels "F","P": 2 2 2 1 2 2 2 2 2 1 ...
```

对于最基本的加、减、乘、除、乘幂等运算，分别使用“+”“-”“*”“/”“^”这些运算符就可以实现，非常简单，并且前面的章节中也已经提及，这里不再赘述。

在 R 中，sum( )函数可以实现对若干个数据求和的功能，如，求 A1、A2、B1 科目成绩的总分，并将其存储起来，可以使用如下代码：

```
>A1.sum<-sum(Student $ A1)
>A2.sum<-sum(Student $ A2)
>B1.sum<- sum(Student $ B1)
>A1.sum
[1] 2091
>A2.sum
[1] 1942
>B1.sum
[1] NA
```

sum( )函数中的参数是向量的时候，其作用是返回向量所有数值的和。因此，上述 3 个代码分别将 A1、A2 和 B1 科目的总分计算后存储在 A1.sum、A2.sum 和 B1.sum 中，可以看到，A1 和 A2 的计算都没有问题，分别是 2091 和 1942，但是 B1 科目的总分却是 NA。根据前面对数据的分析可知，有位同学缺考了 B1 科目，其分数是 NA，正是由于这个原因，导致了在对所有 B1 成绩进行求和的时候，其返回值只能是 NA 了。

那么如何解决这个问题？可以查看 sum( )函数的帮助文件。

```
>? sum
```

可以看到如图 5.1 的结果。如帮助文件所示，sum( )函数中有一个参数是 na.rm，它的取值是逻辑值 TURE(T)或者 FALSE(F)，表示是否移除数据中的缺失值（包含 NaN），其默认值是 F，表示不移除缺失值，而数据中有 NA，因此，返回的结果就是 NA。为解决上述问题，只需要调整参数 na.rm 的取值即可。

```
>B1.sum<-sum(Student $ B1,na.rm = T)
>B1.sum
[1] 1917
```

上述代码返回的是除缺失值 NA 之外，还有其他学生成绩的总分，即 1917。需要说明的是，对于R中的很多算数函数，NA值的处理和sum()函数都是类似的，因此，一般情况下建议在写代码时明确指出NA值的处理方式。

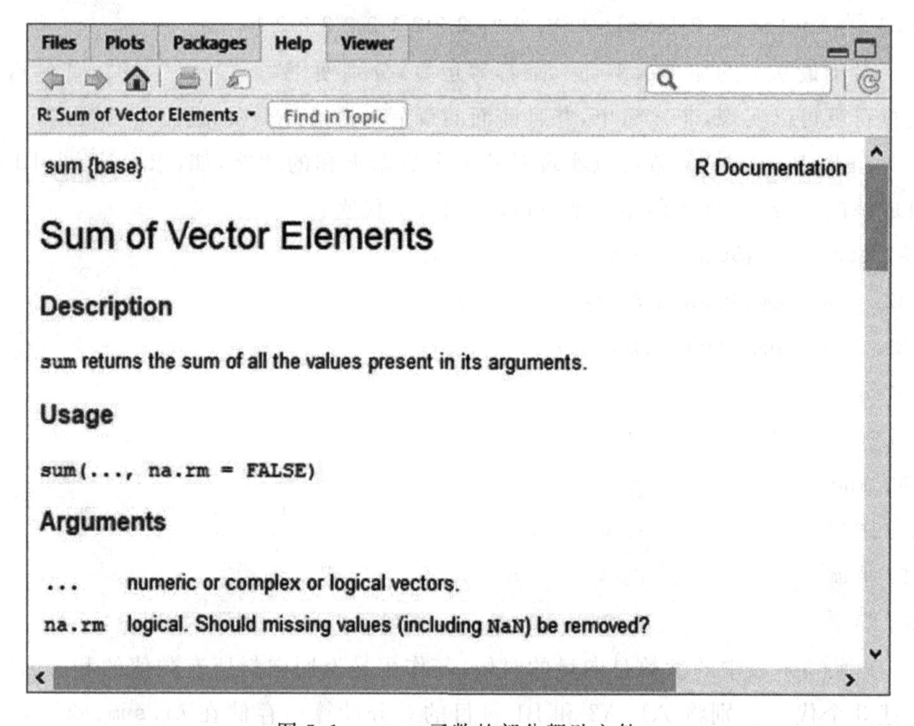

图5.1　sum()函数的部分帮助文件

除了求和外，数据的均值也是经常需要计算的，可以使用mean()函数来实现求解平均值的功能。

```
>A1.mean<-mean(Student$A1,na.rm=T)
>B1.mean<-mean(Student$B1,na.rm=T)
>A1.mean
[1]80.42308
>B1.mean
[1]76.68
```

mean()函数对于NA的处理和sum()函数相同。因此，代码中都用na.rm的取值来说明对于缺失值的处理方式，即使数据中没有缺失值，如Student$A1，因为对于更加复杂的数据，有时并不清楚数据中是否有缺失值，所以为了代码具有更好的稳健性，建议采取上述方式编写代码。可以看到，A1科目的平均分是80.42308，B1科目的平均分是76.68。

最大值、最小值在数据处理中也是经常需要知道的信息,可以通过 max( )函数和 min( )函数来提取目标数据的最大、最小值。

```
>A1.max<-max(Student$A1,na.rm=T)
>B1.max<-max(Student$B1,na.rm=T)
>A1.min<-min(Student$A1,na.rm=T)
>B1.min<-min(Student$B1,na.rm=T)
>A1.max
[1] 98
>B1.max
[1] 98
>A1.min
[1] 33
>B1.min
[1] 50
```

上述代码计算 A1 和 B1 科目的最高分和最低分后先后存储在 A1.max(98)、B1.max(98)、A1.min(33)和 B1.min(50)中。注意,这里对于缺失值的处理和前面 sum( )、mean( )函数的处理方式是相同的。

除上述列举的函数之外,还可以使用相应的函数获取数据的中位数(使用 median( )函数)、方差(var( )函数)、标准差(sd( )函数),以及向量的长度(length( )函数)等信息。以下代码展示了 A1 科目的中位数、方差和向量 A1 的长度。

```
>A1.median<- median(Student$A1,na.rm=T)
>A1.median
[1] 86.5
>A1.var<- var(Student$A1,na.rm=T)
>A1.var
[1] 226.7338
>A1.length<-length(Student$A1)
>A1.length
[1] 26
```

A1 的中位数用 median( )函数来得到,其结果是 86.5,它指的是将数据按照顺序排序后最中间的那个数。如果数据的个数是偶数,那么中位数就指的是中间两个数的平均值,median( )函数同样也有 na.rm 参数,用来指定对于缺失值的处理方式。

方差可以通过 var( )函数来得到,经过计算,A1 的方差是 226.7338。值得注意的是,R 中 var( )函数计算的方差实际上是数据的修正样本方差,因为它比样本方差具有更好的统计性质。本着学而不厌、好学深思的求学态度,如果想深入了解两种方差的具体差异和关联,可以查阅相关统计知识。

A1 的向量长度用 length( )函数计算,其返回值是向量包含的数据个数。如上述代码所示,A1 有 26 个对象,因此中位数是中间两个数的平均值。需要说明的是,length( )函数没有 na.rm 参数。

应用上述这些函数可以分别获取向量的某一项数字特征。如果想一次了解一个向量的整体特征,R 提供了一个功能强大的函数,summary( )函数。对 A1 使用 summary( )函数,可以得到如下结果:

```
> A1.summary <- summary(Student $ A1)
> A1.summary
  Min.   1st Qu.   Median   Mean    3rd Qu.   Max.
 33.00   73.25     86.50    80.42   89.50     98.00
```

可以看到,对于 A1 数据,summary( )函数返回的信息包括数据的最小值、第一四分位数、中位数、均值、第三四分位数和最大值,A1 的这些值分别是 33.00、73.25、86.50、80.42、89.50 和 98.00,基于以上的数字特征,一般来说,可以对数据的整体特征有一个比较全面而准确的了解。

如果数据中包含缺失值,或者数据不是数值型,而是字符串,那么 summary( )函数将返回哪些信息呢?可以看看如下的例子:

```
> B1.summary <- summary(Student $ B1)
> B1.summary
  Min.   1st Qu.   Median   Mean    3rd Qu.   Max.    NA's
 50.00   66.00     80.00    76.68   88.00     98.00    1
> Gender.summary <- summary(Student $ 性别)
> Gender.summary
F  M
14 12
```

上述第一个代码对 B1 数据使用了 summary( )函数,因为 B1 中有一个缺失值。可以看到,在计算的结果中,除了像 A1 一样得到了最小值、均值等量之外,summary( )函数还返回了目标数据中含多少个缺失值,即 NA's 的值,这里这个数值是 1,表示 B1 数据中有一个值是 NA。第二个代码对性别使用了 summary( )函数，因为性别是字符串型，所以并没有最小值、最大值之说，而此时，summary( )函数返回的结果是这个字符串有多少个不同的水平，以及每个水平下各有多少样本。如上述结果所示，性别共有两个不同的水平，分别是“F”和“M”，其中“F”有 14 个样本，“M”有 12 个样本。

5.1.2　部分常见的基本初等函数

下面考虑 R 中关于一些基本初等函数的使用问题。实际上，这些知识在前面的章节已经涉及了一些。例如，如果要计算一个数(或者数值向量)的指数函数，可以使用 exp( )函数来实现；如果要进行幂运算，可以使用“^”运算符。除了指数函数、幂函数外，还有一类最常用的函数是三角函数，这里对这些基本初等函数做一个系统的讲解。

```
>sin(pi/6)
[1] 0.5
```

上面的代码计算了 π/6 的正弦值，使用的是 sin( )函数，在 R 中，sin( )函数的参数可以是向量。例如，可以计算上面学生 B1 科目成绩的正弦值(当然，这个可能并没有多少实际意义)。

```
> sin(Student $ B1)
 [1]  0.31322878 -0.99388865  0.96836446  0.31322878  0.86006941
 [6] -0.02655115  0.89399666  0.99952016  0.03539830  0.82682868
[11]  0.89399666  0.43616476 -0.99388865  0.03539830 -0.99388865
[16]  0.92002604  0.77389068 -0.57338187  0.99952016 -0.55878905
[21] -0.26237485  0.82682868          NA  0.77389068  0.56610764
[26]  0.98358775
```

当数值是缺失值时，返回的正弦值也是缺失值 NA。同样，也可以计算余弦(cos( ))、正切(tan( ))等。除了常规的正、余弦函数外，R 还提供了 sinpi( )、cospi( )和 tanpi( )函数，其用法如下所示：

```
>sinpi(1/6)
[1] 0.5
>sinpi(1)
[1] 0
>cospi(1/3)
[1] 0.5
>tanpi(1/4)
```

```
[1] 1
>cospi(Student$B1)
[1]  1  1 -1  1 -1  1  1 -1  1 -1  1 -1  1  1  1  1  1  1 -1  1  1 -1 NA
[24]  1  1  1
```

可以看到,sinpi(1/6)的结果是 0.5,cospi(1/3)的结果是 0.5,tanpi(1/4)的结果是1,而对 B1 数据应用 cospi()函数作用后,结果不是 1 就是−1。事实上,这几个函数的作用是计算参数值乘以 pi 之后的函数值,即应用 sinpi(x)计算的是 sin(x*pi)的值,这种功能有时是很有必要的。

除了三角函数,反三角函数也是经常用到的,R 计算反三角函数的命令分别是 asin()、acos()和 atan(),例如:

```
>asin(0.5)
[1] 0.5235988
>acos(1)
[1] 0
>atan(1)
[1] 0.7853982
```

同样,反三角函数的参数也可以是向量,但是注意反三角函数有限制的定义域。

```
> acos(c(-1,0,1))
[1] 3.141593 1.570796 0.000000
```

对数函数作为指数函数的反函数,是常见的一类初等函数。R 中计算对数函数的命令是 log(),例如:

```
>log(c(1,2,3))
[1] 0.0000000 0.6931472 1.0986123
```

上面代码分别计算了 1、2 和 3 的对数。然而,对数函数一般都有底数,log()函数默认计算的是以 e 为底的对数,如下所示:

```
>log(exp(1))
[1] 1
```

exp(1)表示 e 的 1 次方,对其再取对数,结果自然是 1。log()函数的完整用法其实是 log(x,base = y),其计算的是以 y 为底的 x 的对数,如:

```
>log(3,base = 3)
[1] 1
```

这里计算了以 3 为底 3 的对数,结果是 1。通常情况下,人们经常计算的对数的底是 2、e 或者 10，R 针对这几种情况都提供了简单的命令，分别是 log2( )、log( )和 log10( )。

```
>log2(2)
[1] 1
>log(exp(1))
[1] 1
>log10(10)
[1] 1
```

对数函数除了上述常用的三种情况以外，R 还提供了另一个常用的函数是 log1p( )，来看看如下的例子：

```
>X <-c(1,0.1,0.001)
>log1p(X)
[1] 0.6931471806 0.0953101798 0.0009995003
>log(1 + X)
[1] 0.6931471806 0.0953101798 0.0009995003
```

这里分别计算了 1、0.01 和 0.001 的对数，可以看到 1 的对数并不是 0，而大约是 0.69，这是因为，函数 log1p(x)计算的是 log(1 + x)的值。当 $0<x\ll1$ 时，$\ln(1+x)$与 x 的值很接近(实际上它们是等价无穷小量)，这个函数在一些数学问题中比较有用。

表 5.1 总结了常用的初等函数及其用法，供查阅。

表 5.1　初等函数总结

函数名	示例	功能
exp( )	exp(x)	计算 e 的 x 次方
sin( ) sinpi( )	sin(x) sinpi(x)	计算 $\sin(x)$ 计算 $\sin(\pi\cdot x)$
cos( ) cospi( )	cos(x) cospi(x)	计算 $\cos(x)$ 计算 $\cos(\pi\cdot x)$
tan( ) tanpi( )	tan(x) tanpi(x)	计算 $\tan(x)$ 计算 $\tan(\pi\cdot x)$
asin( )	asin(x)	计算 $\arcsin(x)$

续表

函数名	示例	功能
acos( )	acos(x)	计算 arccos(x)
atan( )	atan(x)	计算 arctan(x)
log( ) log2( ) log10( ) log1p( )	log(x)、log(x,base = y) log2(x) log10(x) log1p(x)	计算 ln(x)或以 y 为底 x 的对数 计算以 2 为底 x 的对数 计算以 10 为底 x 的对数 计算 ln($1+x$)

注：所有的 x 均可为向量。

5.2 矩阵中的函数运算

矩阵对于数学及统计研究来说是一种非常重要的数据对象，具有广泛的应用，本节来讨论一下 R 中关于矩阵的一些运算函数。

首先，使用如下代码生成一个矩阵：

```
>Matrix1 <- matrix(nrow = 2,ncol = 3)
>Matrix1[1,]<-c(1,3,5)
>Matrix1[2,] <-c(2.5,5,4)
>Matrix1
     [,1] [,2] [,3]
[1,]  1.0    3    5
[2,]  2.5    5    4
```

这里 Matrix1 是一个 2 行 3 列的矩阵，按行对其分别赋值，矩阵第一行的值分别是 1、3、5，第二行的值分别是 2.5、5、4。就矩阵而言，经常需要求解矩阵的转置，在 R 中，可以使用 t( ) 函数来实现这个功能，例如，考虑 Matrix1 矩阵的转置，如下代码所示：

```
>t(Matrix1)
     [,1] [,2]
[1,]    1  2.5
[2,]    3  5.0
[3,]    5  4.0
```

显然，运行上述代码后得到了 Matrix1 的转置矩阵。在线性代数中，经常可以把向量看作是一个具有特定维数的矩阵。那么，用 t( ) 函数是否可以对向量进行转置呢？来看看如下代码：

```
>a<-Matrix1[,1]
>a
[1] 1.0 2.5
>class(a)
[1] "numeric"
>b <- t(a)
>b
     [,1] [,2]
[1,]    1  2.5
>class(b)
[1] "matrix"
>c<-t(b)
>c
     [,1]
[1,]  1.0
[2,]  2.5
>class(c)
[1] "matrix"
```

首先，将矩阵 Matrix1 的第一列提取出来，生成了一个 a 向量，其长度是 2，元素分别是 1.0、2.5，此时，a 的类型是数值向量；然后，对 a 运行 t( ) 函数，将其存在变量 b 中，此时，运行 class( ) 函数，可以发现 b 的类型已经是矩阵了，维数是 1×2。也就是说 t( ) 函数作用在长度是 n 的向量上，其作用是将这个向量转换成一个维数是 $1\times n$ 的矩阵。对于转换后的矩阵，即上面的 b，对其运行 t( ) 函数，将其结果存储在变量 c 中，可以看到，c 是一个 2×1 的矩阵，即实现了 b 的转置操作。

上面讲述的是关于矩阵和向量的转置操作，接下来，讨论一下关于矩阵的行列式和求逆运算。如果一个矩阵是方阵（即行数和列数相等）的话，可以求解这个矩阵的行列式。如下所示，先生成一个名为 Matrix2 的方阵：

```
> Matrix2<- matrix(c(1,2,3, 4,5,8, 3,4,6),3,3,byrow = T)
> Matrix2
```

```
     [,1] [,2] [,3]
[1,]    1    2    3
[2,]    4    5    8
[3,]    3    4    6
```

代码定义了一个 3×3 的矩阵,并且按行对其进行赋值,再将结果存储在变量 Matrix2 中。求解方阵的行列式,用的函数是 det( ):

```
>det(Matrix2)
[1] 1
```

可以看到,方阵 Matrix2 的行列式是 1。

矩阵求逆是非常重要的一个运算,实际上,求出逆矩阵就相当于求解线性方程组。在 R 中,如果一个方阵可逆的话,可以用 solve( )函数来获取矩阵的逆矩阵,如,对于上述的 Matrix2 矩阵,可以按如下代码来获得其逆矩阵:

```
>solve(Matrix2)
     [,1] [,2] [,3]
[1,]   -2    0    1
[2,]    0   -3    4
[3,]    1    2   -3
```

在 R 中,运算符"*"表示两个数字相乘,如果相乘的两个量是向量的话,"*"号表示对应元素进行相乘,这个在之前的章节中介绍过。对于矩阵乘法,R 的运算符是"%*%"。对上述矩阵 Matrix2 和其逆矩阵进行矩阵相乘:

```
>Matrix2 %*% solve(Matrix2)
     [,1] [,2] [,3]
[1,]    1    0    0
[2,]    0    1    0
[3,]    0    0    1
```

可以看到,结果是一个单位矩阵。如果使用"*"作用于两个矩阵,R 也不会报错,其结果如下所示:

```
>Matrix2 * solve(Matrix2)
     [,1] [,2] [,3]
[1,]   -2    0    3
[2,]    0  -15   32
[3,]    3    8  -18
```

结果仍然是一个 3×3 的矩阵，但并不是单位阵，所以，“*”运算符计算的并不是矩阵乘法。观察 Matrix2 和 solve(Matrix2)矩阵中的元素，如，第一行第一列，Matrix2 中的元素是 1，solve(Matrix2)中的元素的－2，而 Matrix2 * solve(Matrix2)中的元素是－2，显然，1×(－2)＝－2；再比如，第二行第三列，Matrix2 中的元素是 8，solve(Matrix2)中相应的元素是 4，而 Matrix2 * solve(Matrix2)中相应的元素是 32，8×4＝32；其他位置的元素通过验证也都满足这个性质。因此，对于矩阵来说，运算符“*”实现的功能是对应元素相乘。

另外，对于矩阵的数乘，使用的运算符仍然是“*”。例如，对于一个方阵，若其可逆，其逆矩阵是它的伴随矩阵除以其行列式。因此，可以通过对一个方阵的逆矩阵数乘以其行列式，来得到它的伴随矩阵，如下所示代码求解的是 Matrix2 的伴随矩阵：

```
>Matrix2.star<-det(Matrix2) * solve(Matrix2)
>Matrix2.star
     [,1] [,2] [,3]
[1,]   -2    0    1
[2,]    0   -3    4
[3,]    1    2   -3
```

可以看到，Matrix2 的伴随矩阵 Matrix2.star 和 Matrix2 的逆矩阵 solve(Matrix2)完全一样，这是因为 Matrix2 的行列式 det(Matrix2)是 1，所以 1 乘以逆矩阵得到的伴随矩阵和逆矩阵的元素数值完全一样。

对于一个矩阵而言，求解其特征值和特征向量也非常有用，该方面的知识在线性代数等课程有详细的讲述。在 R 中，提供了非常简单的函数来实现求解一个方阵的特征值和特征向量，这个函数是 eigen()。

```
>Matrix2.eigen<- eigen(Matrix2)
>Matrix2.eigen
eigen() decomposition
$values
[1] 12.6392107 -0.4713575 -0.1678532
$vectors
           [,1]       [,2]       [,3]
[1,] -0.2815199 -0.8700586 -0.1485583
[2,] -0.7603648  0.4814739 -0.7951515
```

```
[3,] -0.5853134  0.1057399  0.5879324
```

上述代码求解了矩阵 Matrix2 的特征值和特征向量，并将结果存储在变量 Matrix2.eigen中。根据结果，可以看到，变量 Matrix2.eigen 具有两个属性，第一个属性是 values，第二个属性是 vectors。这里 values 中存储的是矩阵的特征值，对于 3 阶方阵 Matrix2 其有 3 个值；vectors 中存储的是对应于上述特征值的特征向量（按列存储），需要说明，R 中返回的特征向量都是单位化后的向量（即向量长度是 1）。

可以使用如下代码来查看 Matrix2.eigen 的属性和结构：

```
>str(Matrix2.eigen)
List of 2
 $ values : num [1:3] 12.639  -0.471  -0.168
 $ vectors: num [1:3, 1:3]  -0.282  -0.76  -0.585  -0.87  0.481 ...
 - attr(*, "class")= chr "eigen"
```

可以看到，事实上，Matrix2.eigen 是一个包含两个属性的列表。为得到对应的数值，可以使用“ $ ”符号来访问 Matrix2.eigen 的各个元素，如访问Matrix2的全部或部分特征值，可以使用如下代码：

```
>Matrix2.eigen$values
[1] 12.6392107  -0.4713575  -0.1678532
>Matrix2.eigen$values[2]
[1] -0.4713575
```

上述第一个代码访问了 Matrix2 的全部 3 个特征值，第二个代码提取了矩阵的第二个特征值。

5.3 数据框中常用的函数操作

这一节中，将针对数据框这种非常重要的数据类型讲述一些常见的关于数据框的函数操作。以前面的学生成绩作为示例，首先，读入数据：

```
>setwd('C:\\R\\myRdata')
>Student <-read.table(file='student.csv',skip=1,
+           header=T,sep=',')
>str(Student)
'data.frame':26 obs. of 7 variables:
```

```
$ 姓名[1]: Factor w/ 26 levels "BaiH","ChenW",..: 1 2 3 4 5 6 7 10 8 9 ...
$ 性别: Factor w/ 2 levels "F","M": 1 2 1 2 1 1 1 2 1 2 ...
$ 组号: int  1 2 3 4 1 2 3 4 1 2 ...
$ A1  : int  86 83 91 72 95 77 87 88 87 54 ...
$ A2  : int  55 88 94 80 98 65 89 78 90 78 ...
$ B1  : int  82 80 83 82 89 66 90 77 88 65 ...
$ B2  : Factor w/ 2 levels "F","P": 2 2 2 1 2 2 2 2 2 1 ...
```

数据框 Student 共有 26 个对象、7 个属性，其具体值可查看图 4.2。

对于成绩来说，经常需要做的一件事是对成绩进行排序，从大到小或者从小到大。例如，根据科目 A1 的成绩来对所有学生进行排序，在 R 中，可以使用 order( ) 函数来实现。

```
>OrderA1<-order(Student$A1)
>Student.orderA1<-Student[OrderA1,]
>Student.orderA1
```

	姓名	性别	组号	A1	A2	B1	B2
22	YangW	F	2	33	0	65	F
10	LiuZ	M	2	54	78	65	F
21	YangM	F	1	56	42	50	F
15	SiS	F	3	65	70	80	P
16	TangK	F	4	69	54	64	P
17	TengY	F	1	71	66	70	P
4	HuX	M	4	72	80	82	F
6	JiX	F	2	77	65	66	P
14	RenM	M	2	81	87	88	F
13	QuY	M	1	82	77	80	P
2	ChenW	M	2	83	88	80	P
12	PengH	M	4	83	66	57	P
1	BaiH	F	1	86	55	82	P
7	LiB	F	3	87	89	90	P
9	LiuY	F	1	87	90	88	P
23	YinF	M	3	87	65	NA	P

[1] 由于 R 版本不同的原因，较新的版本对于“姓名”和“性别”属性的输出结果可能是 char 型。——编者注

8	LiX	M	4	88	78	77	P
18	WangL	M	2	88	97	98	P
19	WangY	F	3	88	76	77	P
24	ZhangY	M	4	90	76	70	P
3	ChenZ	F	3	91	94	83	P
11	MaY	M	3	92	94	90	P
20	XiaoH	M	4	92	77	54	P
5	Huyan	F	1	95	98	89	P
25	ZhaoM	F	1	96	80	76	P
26	ZhouY	F	2	98	100	96	P

首先,对排序的指标 Student $ A1 运行 order( )函数,将其结果存储在变量 OrderA1 中。此时,OrderA1 是一个根据 Student $ A1 对数据 Student 进行排序后的序列,如下所示:

```
>OrderA1
[1]  22 10 21 15 16 17 4 6 14 13 2 12 1 7 9 23 8 18 19
[20] 24 3 11 20 5 25 26
```

然后,按照这个序列的顺序对所有的 Student 数据进行排序,从而得到根据 Student $ A1 排序的成绩信息,将其存储在 Student.orderA1 中,结果如上所示。根据结果,可以看到,排序的顺序是按照 Student $ A1 的升序排列的,也就是成绩越来越高。注意,8、18、19 号学生,其 A1 的成绩都是 88 分,此时,R 中的原则是按照序号由小到大进行排列,也就是先排 8 号,然后是 18 号,最后是 19 号;11 号和 20 号的学生,其 A1 成绩都是 92,也是按照这个原则进行排序的。

如果需要按照某一数据的降序进行排列也是可以的。order( )函数有一个参数是 decreasing,其取值默认 F,因此,如果不给这个参数赋值,默认的排序方式就是升序。如果想按照降序排列,将 decreasing 参数的取值设置为 T 即可。

```
>OrderA1<-order(Student $ A1,decreasing = T)
>Student.orderA1<-Student[OrderA1,]
>Student.orderA1
```

	姓名	性别	组号	A1	A2	B1	B2
26	ZhouY	F	2	98	100	96	P
25	ZhaoM	F	1	96	80	76	P
5	Huyan	F	1	95	98	89	P

```
11    MaY     M   3   92   94   90   P
20    XiaoH   M   4   92   77   54   P
3     ChenZ   F   3   91   94   83   P
24    ZhangY  M   4   90   76   70   P
8     LiX     M   4   88   78   77   P
18    WangL   M   2   88   97   98   P
19    WangY   F   3   88   76   77   P
7     LiB     F   3   87   89   90   P
9     LiuY    F   1   87   90   88   P
23    YinF    M   3   87   65   NA   P
1     BaiH    F   1   86   55   82   P
2     ChenW   M   2   83   88   80   P
12    PengH   M   4   83   66   57   P
13    QuY     M   1   82   77   80   P
14    RenM    M   2   81   87   88   F
6     JiX     F   2   77   65   66   P
4     HuX     M   4   72   80   82   F
17    TengY   F   1   71   66   70   P
16    TangK   F   4   69   54   64   P
15    SiS     F   3   65   70   80   P
21    YangM   F   1   56   42   50   F
10    LiuZ    M   2   54   78   65   F
22    YangW   F   2   33   0    65   F
```

降序排列时，如果遇到成绩相同的情况，仍然是按照序号由小到大进行排列。

除了参照 A1 科目，还可以按照其他科目的成绩对学生进行排序，如按照 B1 科目对学生成绩进行排序，代码如下：

```
>OrderB1<-order(Student$B1)
>Student.orderB1<-Student[OrderB1,]
>Student.orderB1
      姓名    性别  组号  A1   A2   B1   B2
21    YangM   F     1     56   42   50   F
20    XiaoH   M     4     92   77   54   P
12    PengH   M     4     83   66   57   P
```

……

篇幅限制,省略中间数据。

```
11     MaY     M    3    92    94    90    P
26   ZhouY     F    2    98   100    96    P
18   WangL     M    2    88    97    98    P
23    YinF     M    3    87    65    NA    P
```

做法与上面按照 A1 科目排序是完全类似的,但是,B1 科目中 YinF 同学没有成绩,Student 中显示是 NA。上述代码是按照 B1 科目成绩的升序由小到大进行排序的,NA 出现在了最后一位。在 order( )函数中,可以人为调节 NA 数据出现的位置,把它放在最前面或者最后面。使用的参数是 na.last,其默认取值是 T,也就是把 NA 放在最后;如果将其改为 F,NA 将会出现在最前面,例如:

```
> OrderB1<- order(Student $ B1,na.last = F)
> Student.orderB1<- Student[OrderB1,]
> Student.orderB1
      姓名   性别   组号   A1    A2    B1    B2
23    YinF     M    3    87    65    NA    P
21   YangM     F    1    56    42    50    F
20  XiaoH     M    4    92    77    54    P
```

……

篇幅限制,省略中间数据。

```
7      LiB     F    3    87    89    90    P
11     MaY     M    3    92    94    90    P
26   ZhouY     F    2    98   100    96    P
18   WangL     M    2    88    97    98    P
```

上述代码在使用 order( )函数时,将 na.last 参数取值设置为 F,因此,最终的结果将含有 NA 数据的 YinF 同学数据放在了第一个。

对于较为复杂的数据集,有时可能是由多人统计收集的,在做数据处理的时候,对这些分散的数据进行合并是非常有必要的。比如,对于学生成绩而言,不同科目的成绩一般是由不同的老师登记的。例如,前面遇到的成绩数据,实际上,这些数据是由三位老师负责登记的,A 课程的老师登记了 A1 和 A2 科目的成绩,放在文件 studentA 中;B1 课程的老师登记了 B1 科目的成绩,放在 studentB1 中;B2

课程的老师登记了 B2 科目的成绩，放在 studentB2 中，如图 5.2 所示。

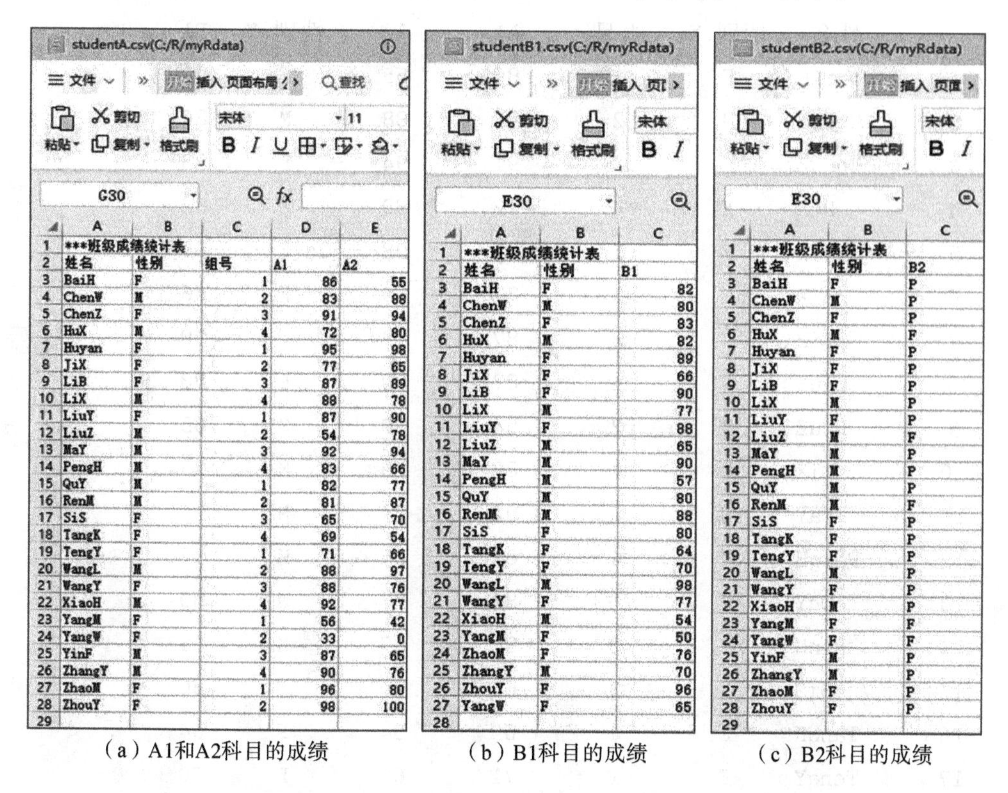

studentA.csv(C:/R/myRdata)

	A	B	C	D	E
1	***班级成绩统计表				
2	姓名	性别	组号	A1	A2
3	BaiH	F	1	86	55
4	ChenW	M	2	83	88
5	ChenZ	F	3	91	94
6	HuX	M	4	72	80
7	Huyan	F	1	95	98
8	JiX	F	2	77	65
9	LiB	F	3	87	89
10	LiX	M	4	88	78
11	LiuY	F	1	87	90
12	LiuZ	M	2	54	78
13	MaY	M	3	92	94
14	PengH	M	4	83	66
15	QuY	M	1	82	77
16	RenM	M	2	81	87
17	SiS	F	3	65	70
18	TangK	F	4	69	54
19	TengY	F	1	71	66
20	WangL	M	2	88	97
21	WangY	F	3	88	76
22	XiaoH	M	4	92	77
23	YangM	F	1	56	42
24	YangW	F	2	33	0
25	YinF	M	3	87	65
26	ZhangY	M	4	90	76
27	ZhaoM	F	1	96	80
28	ZhouY	F	2	98	100
29					

（a）A1和A2科目的成绩

studentB1.csv(C:/R/myRdata)

	A	B	C
1	***班级成绩统计表		
2	姓名	性别	B1
3	BaiH	F	82
4	ChenW	M	80
5	ChenZ	F	83
6	HuX	M	82
7	Huyan	F	89
8	JiX	F	66
9	LiB	F	90
10	LiX	M	77
11	LiuY	F	88
12	LiuZ	M	65
13	MaY	M	90
14	PengH	M	57
15	QuY	M	80
16	RenM	M	88
17	SiS	F	80
18	TangK	F	64
19	TengY	F	70
20	WangL	M	98
21	WangY	F	77
22	XiaoH	M	54
23	YangM	F	50
24	ZhaoM	F	76
25	ZhangY	M	70
26	ZhouY	F	96
27	YangW	F	65
28			

（b）B1科目的成绩

studentB2.csv(C:/R/myRdata)

	A	B	C
1	***班级成绩统计表		
2	姓名	性别	B2
3	BaiH	F	P
4	ChenW	M	P
5	ChenZ	F	P
6	HuX	M	F
7	Huyan	F	P
8	JiX	F	P
9	LiB	F	P
10	LiX	M	P
11	LiuY	F	P
12	LiuZ	M	F
13	MaY	M	P
14	PengH	M	P
15	QuY	M	P
16	RenM	M	F
17	SiS	F	P
18	TangK	F	P
19	TengY	F	P
20	WangL	M	P
21	WangY	F	P
22	XiaoH	M	P
23	YangM	F	F
24	YangW	F	F
25	YinF	M	P
26	ZhangY	M	P
27	ZhaoM	F	P
28	ZhouY	F	P
29			

（c）B2科目的成绩

图 5.2　某班级学生成绩信息的分项统计

首先，将这 3 个数据集读入 R 中：

```
>setwd('C:\\R\\myRdata')
>StudentA<-read.table(file='studentA.csv',skip=1,
+            header=T,sep=',')
>StudentB1<-read.table(file='studentB1.csv',skip=1,
+             header=T,sep=',')
>StudentB2<-read.table(file='studentB2.csv',skip=1,
+             header=T,sep=',')
```

这 3 个数据集分别存储在变量 StudentA、StudentB1 和 StudentB2 中。接下来，使用 merge( )函数将这些数据合并起来，具体做法为

```
>StudentAB1<-merge(StudentA,StudentB1,
+                  by='姓名')
```

```
> StudentAB1
      姓名  性别.X  组号   A1    A2  性别.Y  B1
1     BaiH    F      1     86    55    F     82
2     ChenW   M      2     83    88    M     80
3     ChenZ   F      3     91    94    F     83
4     HuX     M      4     72    80    M     82
5     Huyan   F      1     95    98    F     89
6     JiX     F      2     77    65    F     66
7     LiB     F      3     87    89    F     90
8     LiuY    F      1     87    90    F     88
9     LiuZ    M      2     54    78    M     65
10    LiX     M      4     88    78    M     77
11    MaY     M      3     92    94    M     90
12    PengH   M      4     83    66    M     57
13    QuY     M      1     82    77    M     80
14    RenM    M      2     81    87    M     88
15    SiS     F      3     65    70    F     80
16    TangK   F      4     69    54    F     64
17    TengY   F      1     71    66    F     70
18    WangL   M      2     88    97    M     98
19    WangY   F      3     88    76    F     77
20    XiaoH   M      4     92    77    M     54
21    YangM   F      1     56    42    F     50
22    YangW   F      2     33     0    F     65
23    ZhangY  M      4     90    76    M     70
24    ZhaoM   F      1     96    80    F     76
25    ZhouY   F      2     98   100    F     96
```

merge()函数的前两个参数是要合并的数据集，by 参数的作用是指明按照哪个属性来对两个数据进行合并，合并完成后，将数据存储在变量 StudentAB1 中。但是，观察数据可以看到，studentA 有 26 个学生的数据，studentB1 只有 25 个学生的数据，根据前面对于此数据的了解，YinF 同学的 B1 科目没有成绩。合并后的数据集 StudentAB1 中，仅有 25 个学生的信息，YinF 的数据丢失了。这是因为，在合并的时候，merge()函数有一个参数 all，默认值是 F，它的意思是，根据 by 参数的取值，将要合并的两个数据集都有的数据进行合并,忽略仅存在于一个数据集中的数据。如果要将所有的数据都罗列出来,可以将 all 参数改为 T 即可,具体代码如下:

```
>StudentAB1<-merge(StudentA,StudentB1,
+                  by='姓名',all=T)
>StudentAB1
       姓名  性别.X  组号   A1    A2   性别.Y   B1
1      BaiH     F      1    86    55     F      82
2     ChenW     M      2    83    88     M      80
3     ChenZ     F      3    91    94     F      83
4       HuX     M      4    72    80     M      82
5     Huyan     F      1    95    98     F      89
6       JiX     F      2    77    65     F      66
7       LiB     F      3    87    89     F      90
8      LiuY     F      1    87    90     F      88
9      LiuZ     M      2    54    78     M      65
10      LiX     M      4    88    78     M      77
11      MaY     M      3    92    94     M      90
12   PengH      M      4    83    66     M      57
13      QuY     M      1    82    77     M      80
14     RenM     M      2    81    87     M      88
15      SiS     F      3    65    70     F      80
16   TangK      F      4    69    54     F      64
17   TengY      F      1    71    66     F      70
18   WangL      M      2    88    97     M      98
19   WangY      F      3    88    76     F      77
20   XiaoH      M      4    92    77     M      54
21   YangM      F      1    56    42     F      50
22   YangW      F      2    33     0     F      65
23     YinF     M      3    87    65    <NA>    NA
24  ZhangY      M      4    90    76     M      70
25   ZhaoM      F      1    96    80     F      76
26   ZhouY      F      2    98   100     F      96
```

StudentAB1 合并了所有学生的科目 A 和科目 B1 的成绩，随后考虑继续将 StudentAB1和 StudentB2 进行合并，方法类似，如下所示：

```
> StudentAll<-merge(StudentAB1,StudentB2,
+                    by='姓名',all=T)
> StudentAll
     姓名 性别.X 组号 A1  A2 性别.Y B1 性别 B2
1    BaiH     F    1 86  55      F 82    F  P
2   ChenW     M    2 83  88      M 80    M  P
3   ChenZ     F    3 91  94      F 83    F  P
4     HuX     M    4 72  80      M 82    M  F
5   Huyan     F    1 95  98      F 89    F  P
6     JiX     F    2 77  65      F 66    F  P
7     LiB     F    3 87  89      F 90    F  P
8    LiuY     F    1 87  90      F 88    F  P
9    LiuZ     M    2 54  78      M 65    M  F
10    LiX     M    4 88  78      M 77    M  P
11    MaY     M    3 92  94      M 90    M  P
12  PengH     M    4 83  66      M 57    M  P
13    QuY     M    1 82  77      M 80    M  P
14   RenM     M    2 81  87      M 88    M  F
15    SiS     F    3 65  70      F 80    F  P
16 TangK      F    4 69  54      F 64    F  P
17 TengY      F    1 71  66      F 70    F  P
18 WangL      M    2 88  97      M 98    M  P
19 WangY      F    3 88  76      F 77    F  P
20 XiaoH      M    4 92  77      M 54    M  P
21 YangM      F    1 56  42      F 50    F  F
22 YangW      F    2 33   0      F 65    F  F
23  YinF      M    3 87  65   <NA> NA    M  P
24 ZhangY     M    4 90  76      M 70    M  P
25 ZhaoM      F    1 96  80      F 76    F  P
26 ZhouY      F    2 98 100      F 96    F  P
```

StudentAll 存储了科目 A 和科目 B 的全部成绩，但是由于 3 个数据集中都有性别这个变量，所以性别这个属性在 StudentAll 中出现了 3 次，可以提取有用的信息，将多余的信息删除。

```
>StudentAll<-data.frame(姓名 = StudentAll$姓名,
+              性别 = StudentAll$性别,
+              组号 = StudentAll$组号,
+              A1 = StudentAll$A1,A2 = StudentAll$A2,
+              B1 = StudentAll$B1,B2 = StudentAll$B2)
>StudentAll
      姓名   性别  组号  A1   A2   B1  B2
1     BaiH   F     1     86   55   82  P
2     ChenW  M     2     83   88   80  P
3     ChenZ  F     3     91   94   83  P
……
```

篇幅限制，省略中间数据。

```
23    YinF   M     3     87   65   NA  P
24   ZhangY  M     4     90   76   70  P
25    ZhaoM  F     1     96   80   76  P
26    ZhouY  F     2     98  100   96  P
```

可以看到，StudentAll 数据和之前的 Student 数据是完全一样的，事实上，student 文件中的数据就是通过这样的方式得到的。

接下来的章节将介绍几个非常有用的函数，这几个函数对于数据框中的数据分析和计算都具有非常高的效率。对于上述 StudentAll 数据，把所有的学生共分成了 4 组，在实际中，可能需要做的是计算不同组学生的平均分或总分等信息。例如，现需要计算第一组 A1 科目的平均分，可以采用如下的方案：首先，将第一组的数据提取出来；然后再计算 A1 科目的平均分即可。

```
>StudentAll.1<-StudentAll[StudentAll$组号==1,]
>StudentAll.1
      姓名   性别  组号  A1   A2   B1  B2
1     BaiH   F     1     86   55   82  P
5     Huyan  F     1     95   98   89  P
8     LiuY   F     1     87   90   88  P
```

```
13    QuY     M    1    82    77    80    P
17    TengY   F    1    71    66    70    P
21    YangM   F    1    56    42    50    F
25    ZhaoM   F    1    96    80    76    P
>mean(StudentAll.1$A1)
[1] 81.85714
```

上述代码中首先将 StudentAll 中组号是 1 的数据提取出来，放在变量 StudentAll.1中，其结果如上所示；然后，将函数 mean( )作用于 StudentAll.1 中的 A1 变量，得到其均值是 81.85714；最后，可以分别将组号改为 2、3、4，就可以得到每一组的结果了。这种做法没有问题，但是如果组号非常多的时候，这样的做法显然是比较麻烦的，当然，在学习了循环之后，可以用循环来完成这个任务。不过，在 R 中，有一个函数可以非常高效地实现这个功能，这个函数就是 tapply( )，其用法如下所示：

```
>tapply(X = StudentAll$A1,INDEX = StudentAll$组号,FUN = mean)
      1        2        3        4
81.85714 73.42857 85.00000 82.33333
```

tapply( )函数有三个参数：X、INDEX 和 FUN，其作用是：根据第二个参数的不同水平，对第一个参数进行第三个参数的函数作用。如上所示，表示根据"StudentAll$组号"的不同水平（这里有四个组，1、2、3 和 4），对"StudentAll$A1"这个变量进行求"mean( )"的运算，结果如下：第一组 A1 科目的平均分为 81.85741，相应地，第二组、第三组和第四组 A1 科目的平均分分别为 73.42857、85.00000 和82.33333。在实际处理数据时，tapply( )的这个作用也可以提供很大的便利，在不至于混淆的情况下，X、INDEX 和 FUN 这几个参数名可以省略。

```
>tapply(StudentAll$A1,StudentAll$组号,mean)
      1        2        3        4
81.85714 73.42857 85.00000 82.33333
```

除了求均值外，tapply( )函数的 FUN 参数实际上可以是各种函数，因此它可以实现非常多的功能。例如，可以计算不同性别的学生某一门科目成绩的标准差：

```
>tapply(StudentAll$A2,StudentAll$性别,FUN = sd)
        F         M
26.837013  9.817656
```

可以看到，共有两个性别：F（女性）和 M（男性），A2 科目的标准差分别是

26.837013和 9.817656。显然,女生的标准差显著高于男生的,达到了 26 左右,从某种程度上来说,女生 A2 科目的学习情况两极分化较为严重。

除了 tapply( )函数外,sapply( )函数也具有非常重要的作用,它的作用是针对一个或者几个变量进行某种函数运算。如,想计算 A 和 B 全部四门科目的平均分,可以使用如下代码:

```
> sapply(X = StudentAll[,c('A1','A2','B1','B2')],FUN = mean)
      A1       A2       B1       B2
80.42308 74.69231       NA       NA
Warning message:
Inmean.default(X[[i]],...):参数不是数值也不是逻辑值:回覆 NA
```

代码首先将这四门的数据提取出来,放在 sapply( )的第一个参数 X 中,然后给 FUN 参数赋值为 mean,表示 mean( )函数,计算均值。与 tapply( )函数类似,可以省略这里的 X 和 FUN。代码虽然输出了结果,A1 科目的平均分是 80.42308,A2 科目的平均分是 74.69231,但是 B1 和 B2 的返回值都是 NA,并且出现了警告信息,显示参数不是数值或者逻辑值。这是因为 B2 科目的成绩是 P 和 F,所以无法进行计算,出现了这些信息。将 B2 移除,就没有警告信息了。但是,B1 科目的平均分仍然是 NA,这是因为 B1 的成绩中有一位学生的成绩是 NA,所以出现了这个结果。

```
> sapply(X = StudentAll[,c('A1','A2','B1')],FUN = mean)
      A1       A2       B1
80.42308 74.69231       NA
```

5.4　输出函数

前面在变量赋值的章节中,涉及几个输入函数,如 read.table( )、read.csv( )、scan( )等。这一节里将着重介绍几个常用的输出函数,其作用就是将代码计算的结果予以输出。

首先,介绍 print( )函数。在很多计算机语言里,输出函数都是用 print 来描述的。在 R 中,print( )函数的作用是在屏幕上输出一个带有编号的表达式。

```
>A <-c(1,2,3)
>B <-c('Hello','Rstudio')
>print(A)
[1] 1 2 3
```

```
>print(B)
[1] "Hello"   "Rstudio"
```

根据上述代码生成了两个变量 A 和 B，A 是一个数值向量(1, 2, 3)，B 是一个字符串向量(Hello，Rstudio)。然后，利用 print( )函数将其输出在屏幕上。需要注意的是，print( )函数仅能输出一个表达式，例如，将 A 和 B 一起输出时将会产生错误：

```
>print(A,B)
Error in print.default(A,B) : invalid 'digits' argument
In addition: Warning message:
In print.default(A,B) : NAs introduced by coercion
```

如果想完成上述工作，可以根据该函数性质活学活用，先将 A 和 B 生成一个变量，再用 print( )输出即可。

```
>print(c(A,B))
[1] "1"    "2"    "3"    "Hello"   "Rstudio"
```

可以看到，这里首先生成了一个新的变量 c(A,B)，然后再用 print( )输出即可。print( )函数每次只能输出一个表达式，但是这个表达式可以是各种各样的数据类型，如矩阵、数据框等都可以。

```
>print(Matrix1)
     [,1] [,2] [,3]
[1,]  1.0    3    5
[2,]  2.5    5    4
>print(StudentAll)
     姓名   性别   组号   A1   A2   B1   B2
1    BaiH    F     1     86   55   82   P
2    ChenW   M     2     83   88   80   P
3    ChenZ   F     3     91   94   83   P
4    HuX     M     4     72   80   82   F
5    Huyan   F     1     95   98   89   P
6    JiX     F     2     77   65   66   P
……
```

篇幅限制，仅显示部分数据。

```
>print(StudentAll$姓名)
```

```
[1]   BaiH   ChenW  ChenZ  HuX    Huyan  JiX    LiB    LiuY
[9]   LiuZ   LiX    MaY    PengH  QuY    RenM   SiS    TangK
[17]  TengY  WangL  WangY  XiaoH  YangM  YangW  YinF   ZhangY
[25]  ZhaoM  ZhouY
26 Levels: BaiH ChenW ChenZ HuX Huyan JiX LiB LiuY LiuZ ... ZhouY
```

上述代码分别输出了之前的 Matrix1 矩阵、StudentAll 数据框和 StudentAll 数据框中的变量“姓名”。只要输出是一个表达式,都可以使用 print( )函数。根据上述探索过程,可以看到,为了使提出问题、分析问题、解决问题这三个环节顺利推进,读者在学习过程中可以进行大胆尝试,在试错中归纳总结经验,从而培养解决问题的思维和能力。

除了 print( ) 函数外,R 中还提供了一个非常方便的输出函数 cat( )。cat( ) 函数可以实现在屏幕或者目标文件输出结果,如将前面的两个变量 A 和 B 在屏幕上输出:

```
>cat(A)
1 2 3
>cat(B)
Hello Rstudio
>cat(A,B)
1 2 3 Hello Rstudio
```

可以看到,cat( )函数不仅可以输出单个表达式,还可以输出两个或多个表达式;并且输出的结果不带编号,这些特点在某些情况下是有好处的。但是,cat( ) 函数不能输出数据框,如下所示:

```
>cat(StudentAll)
Error in cat(StudentAll):
  argument 1(type 'list')cannot be handled by 'cat'
```

可以看到,对于 StudentAll 这个数据框,如果用 cat( )函数输出,会提示错误。另外,cat( )函数还可以将结果输出到目标文件中,如将前面的变量 A 和 B 输出到一个文本文件中:

```
>cat(A,B,file='C:/R/myRdata/demo.txt',
+    append=F,sep=' ')
```

上述代码实现了将 A 和 B 两个变量输出到 C:\R\myRdata 目录下的 demo.txt 文件中，结果如图 5.3 所示。

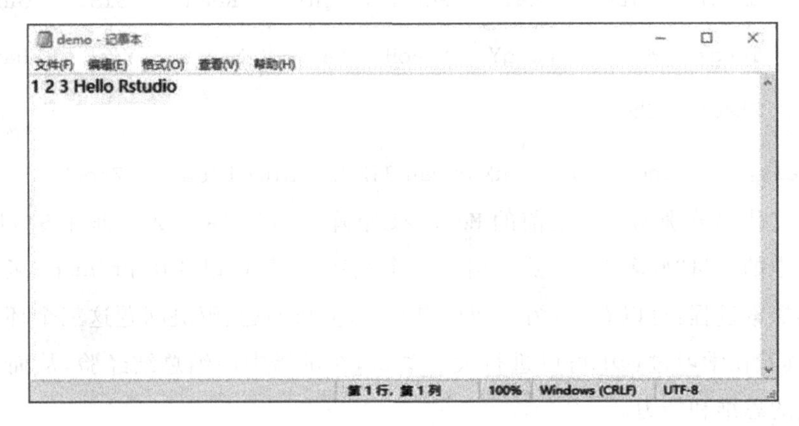

图 5.3　cat( )函数对于 A 和 B 变量的输出结果

可以看到，图 5.3 中的结果和前面 cat(A,B)的结果是完全一样的，只是这个结果存储在了 demo.txt 文件中。cat( )函数中有几个比较有用的参数。先介绍第一个参数 append，其取值为逻辑值 T 或者 F，表示是否将输出放在原有文件的后面，默认值是 F，即表示覆盖原文件，重新写入这个目标文件。若要将输出内容放在原文件的后面，可将其值改为 T，如下代码所示：

```
>cat(c(13,23),c('math','statistic'),
+     file = 'C:/R/myRdata/demo.txt',
+     append = T)
```

上述代码的目标文件和前面一个代码的目标文件一样，都是 C:\R\myRdata 目录下的 demo.txt 文件，但是此代码中 append 的取值是 T，表示将这里输出的结果，也就是两个向量(13,23)和(math,statistic)放在原来的文件后面，打开文件 demo.txt，其结果如图 5.4 所示。

由图 5.4 可以看到，在图 5.3 的结果后面，直接输出了(13,23)和(math,statistic)两个向量，两者之间并没有任何分隔。有时需要把输出结果之间分隔开，这就涉及 cat( )函数的第二个重要的参数 sep。sep 表示不同的字符之间用什么来分隔，其默认值是“空格”，即不同的字符之间用空格来分开。如果想用其他符号，比如逗号来分隔不同字符，可以改变 sep 参数的值即可，代码如下：

```
>cat(A,B,file = 'C:/R/myRdata/demo.txt',
+     append = F,sep = ',')
```

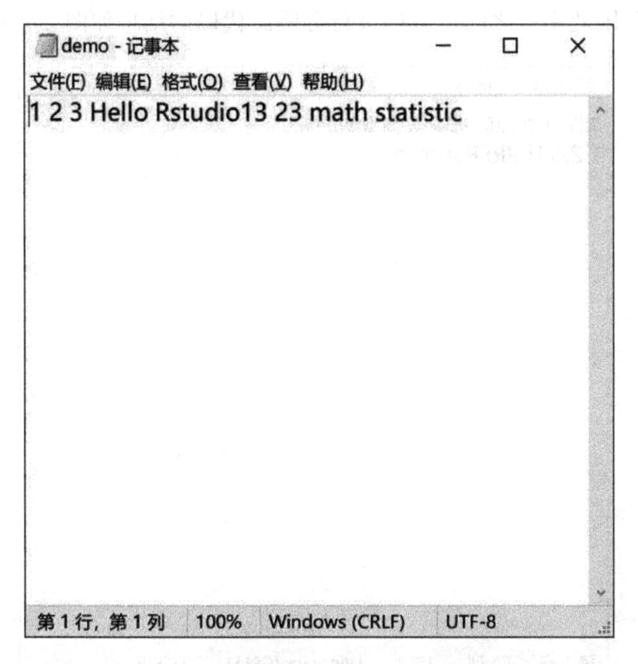

图 5.4　cat( )函数 append 取值为 T 的输出结果

重新输出变量 A 和 B，目标文件仍然是 C:\R\myRdata 下的 demo.txt 文件，append 参数是 F，表示将前面的输出删除，重新写入上述信息；sep 参数是“,”，表示不同字符之间用逗号分隔，结果见图 5.5。

如图 5.5 所示，结果和前面图 5.3 的区别就是不同字符的分隔符变成逗号了。

cat( )函数中的路径名有时很长，会使代码看起来很繁琐，如果合理定位工作目录，便可以省略这个路径名。在 cat( )函数中，一种非常有用的分隔符是“\n”，相当于在字符输入完成后点击“Enter”键，即重新另起一行。来看如下代码：

```
>setwd('C:\\R\\myRdata')
>cat(A,B,'\n',file='demo.txt',append=F,sep='\n')
>cat(c(13,23),c('math','statistic'),file='demo.txt',
+      append=T)
```

上述代码首先将工作目录定位到 C:\R\myRdata 目录下，然后使用 cat( )函数做了两次输出。第一次输出，将 A、B 以及“\n”三个量先后输出到 demo.txt 文件中，此时 append 参数是 F，表示将 demo.txt 文件中的数据删除，重新输入，sep 参数是“\n”，表示字符之间用回车符分隔；第二次输出，将(13,23)和(math,statistic)也输出到文件 demo.txt 中，此时 append 参数是 T，表示将结果续写在原来文件的后面，sep

参数没有取值，因此字符之间用空格进行分隔。代码的结果如图5.6所示。

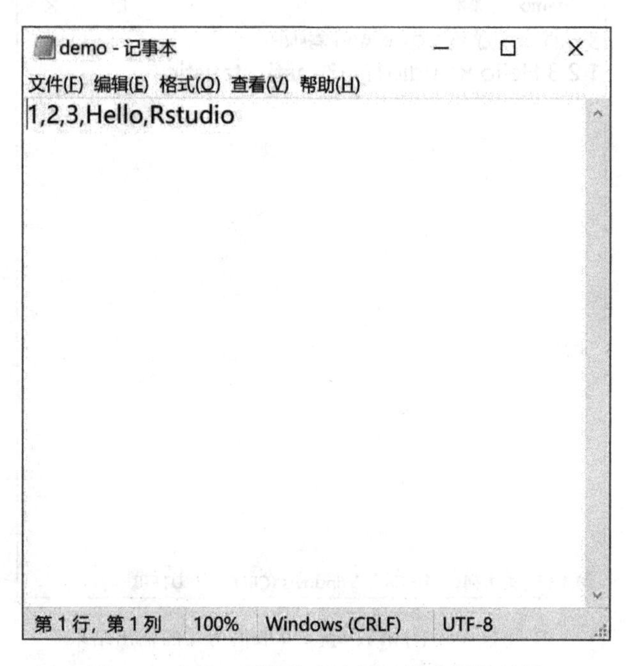

图 5.5 cat( )函数输出应用逗号分隔的结果

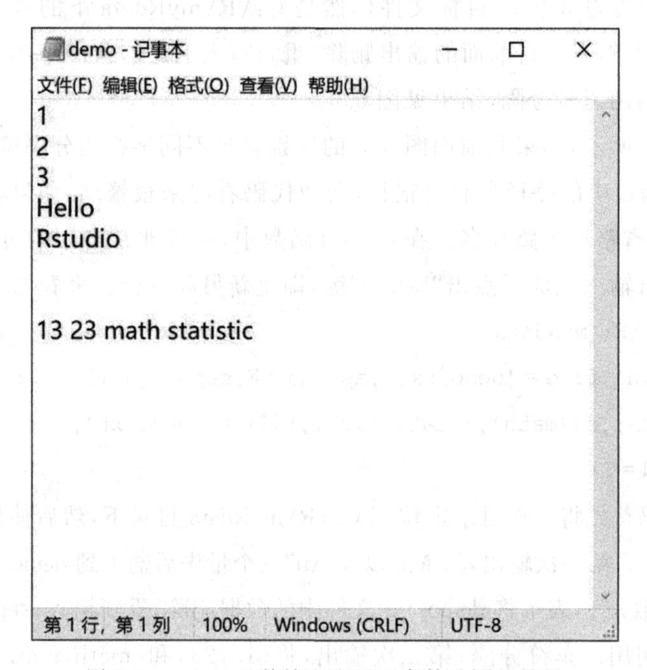

图 5.6 cat( )函数输出应用回车符分隔的结果

由图 5.6 可见,第一个 cat( )函数的结果几个字符之间都是写在不同行的,这是因为它们之间的分隔符是“\n”。但是需要注意,在字符“Rstudio”下面的一行是空白,这一行的空白是因为 sep 参数取值是“\n”,所以在输出“RStudio”后,重新另起了一行,但是接下来的输出字符是“\n”,因此,又重新起了一行,从而出现了一行空白,在输出字符“\n”后,分隔符仍然是“\n”,又重新起了一行,所以有了第二行空白。第二个 cat( )函数的输出是(13,23)和(math,statistic)两个向量,输出的文件仍然是 demo.txt,append 参数是 T,所以续写在原文件后面,字符之间用空格分开。

需要注意一点,分隔符“\n”只有 cat( )函数可以识别,而 print( )函数不能识别,例如:

```
>print('Hello\n')
[1] "Hello\n"
>cat('Hello\n','RStudio')
Hello
RStudio
```

上述代码中,print( )函数输出“Hello\n”,可以看到,R 将这个字符串原封不动地输出了;当 cat( )函数输出“Hello\n”和“Rstudio”两个字符串,结果显示,R 在输出“Hello”后,另起一行输出了“RStudio”,说明函数识别了“\n”是一个分隔符。

如果要输出一个数据框,前面的输出函数都不是很有效。接下来,介绍一个专门用来输出数据框的函数,write.table( )。它和前面的 read.table( )类似,例如,将上述 B 向量进行输出:

```
>write.table(B,file='C:/R/myRdata/demo1.txt')
```

write.table( )函数的第一个参数(这里是 B)表示要输出的变量,第二个参数 file 表示输出到哪个文件,这里是 C:\R\myRdata 下的 demo1.txt 文件。如果省略 file 参数,其结果直接输出在屏幕上,在指定了正确的工作目录后,路径是可以省略的,只需要写文件名就可以了。上述代码的结果如图 5.7 所示。

可以看到,结果中给变量 B 增加了变量名“X”和两行的序号“1”和“2”。由于这里 B 不是一个数据框,所以这样的结果看起来并不是非常好。下面尝试将前面的数据框 StudentAll 进行输出,使用如下代码:

```
>write.table(StudentAll,file='demo1.txt',
+            append=F,quote=T)
```

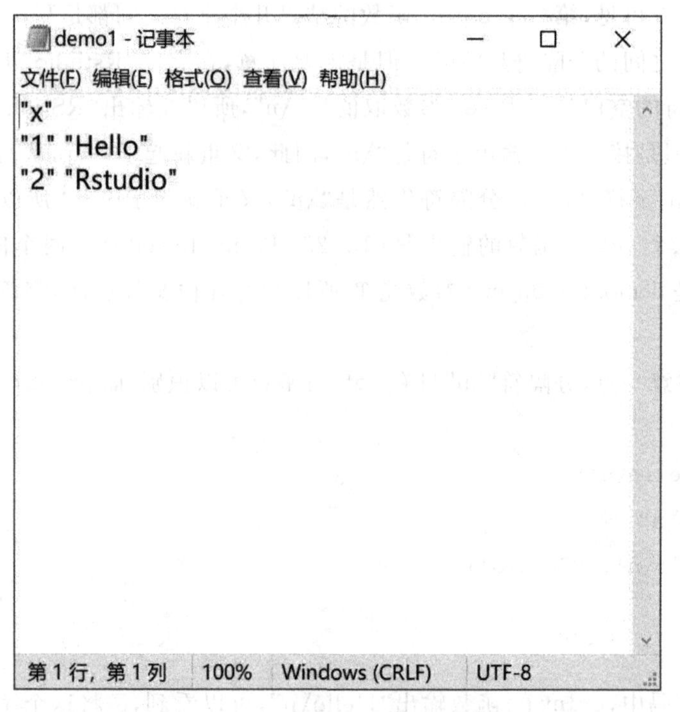

图 5.7　write.table( )函数输出变量 B 的结果

结果如图 5.8 所示。代码中的 append 参数和 cat( )函数中的 append 是类似的,表示是否将输出放在原文件的后面,默认是 F,即重新写入目标文件;quote 参数表示字符串是否带引号,默认是 T,即带引号。

write.table( )函数中还有几个比较常用的参数,下文简单介绍一下。sep 参数表示数据之间用什么分隔,默认是空格,这个和 cat( )函数是类似的;na 参数表示空缺值用什么代替,默认是 NA。可以根据需要来改变这些参数的取值,提升效率,如下代码,重新输出 StudentAll:

```
>write.table(StudentAll,file='demo1.txt',quote=F,
+            sep=',',na='缺考')
```

输出文件仍然是 demo1.txt,quote 参数取值为 F,表示字符串不带引号;sep 取值是逗号,表示不同的数据之间用逗号分隔;na 取值是“缺考”,表示如果输出数据中有 na,用字符串“缺考”来表示;append 没有取值,因此默认是 F,即重新在文件 demo1.txt 中写入数据,代码的结果如图 5.9 所示。在实际的应用中,可以根据个人习惯来选取合适的参数值。

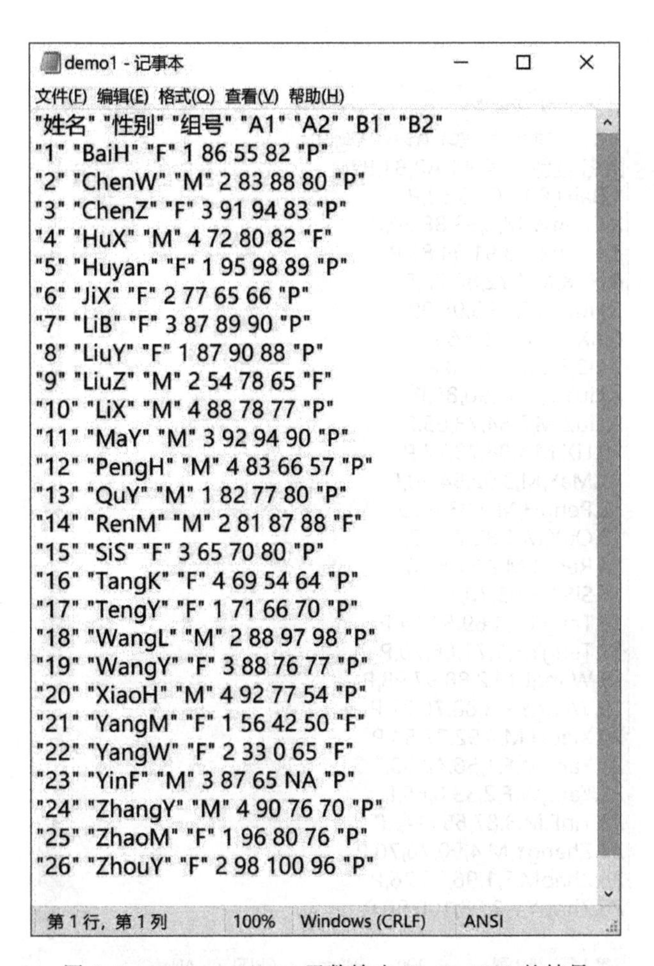


```
"姓名" "性别" "组号" "A1" "A2" "B1" "B2"
"1" "BaiH" "F" 1 86 55 82 "P"
"2" "ChenW" "M" 2 83 88 80 "P"
"3" "ChenZ" "F" 3 91 94 83 "P"
"4" "HuX" "M" 4 72 80 82 "F"
"5" "Huyan" "F" 1 95 98 89 "P"
"6" "JiX" "F" 2 77 65 66 "P"
"7" "LiB" "F" 3 87 89 90 "P"
"8" "LiuY" "F" 1 87 90 88 "P"
"9" "LiuZ" "M" 2 54 78 65 "F"
"10" "LiX" "M" 4 88 78 77 "P"
"11" "MaY" "M" 3 92 94 90 "P"
"12" "PengH" "M" 4 83 66 57 "P"
"13" "QuY" "M" 1 82 77 80 "P"
"14" "RenM" "M" 2 81 87 88 "F"
"15" "SiS" "F" 3 65 70 80 "P"
"16" "TangK" "F" 4 69 54 64 "P"
"17" "TengY" "F" 1 71 66 70 "P"
"18" "WangL" "M" 2 88 97 98 "P"
"19" "WangY" "F" 3 88 76 77 "P"
"20" "XiaoH" "M" 4 92 77 54 "P"
"21" "YangM" "F" 1 56 42 50 "F"
"22" "YangW" "F" 2 33 0 65 "F"
"23" "YinF" "M" 3 87 65 NA "P"
"24" "ZhangY" "M" 4 90 76 70 "P"
"25" "ZhaoM" "F" 1 96 80 76 "P"
"26" "ZhouY" "F" 2 98 100 96 "P"
```

图 5.8　write.table( )函数输出 StudentAll 的结果

与 write.table( )函数类似，R 还提供了另一个输出数据框的函数，write.csv( )，其用法与 write.table( )几乎一样，可以将数据输出为 csv 文件(事实上，write.table( )函数也可以将数据输出为 csv 文件，其用法与输出为 txt 文件完全一样)，如：

```
>write.csv(StudentAll,file = 'demo1.csv',quote = F,
+              na = '缺考')
```

上述代码将 StudentAll 输出为 csv 文件，结果如图 5.10 所示。由于 write.csv( )大部分的用法与 write.table( )函数类似，两者的区别在于一些参数的默认取值不同，这一点与 read.table( )和 read.csv( )的区别类似，读者可以参考前面章节的相关知识。

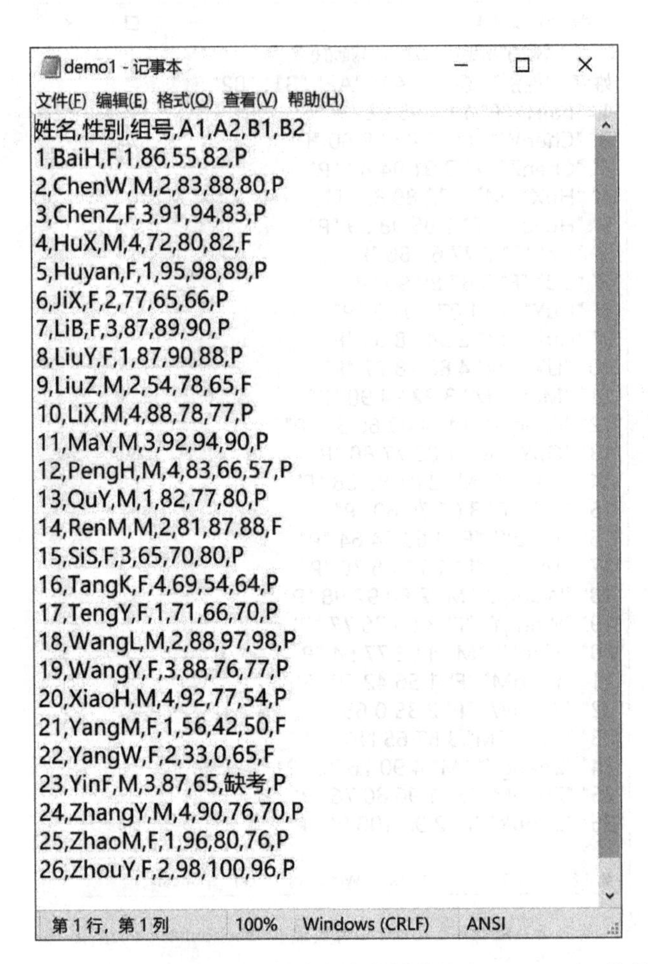
demo1 - 记事本
文件(F) 编辑(E) 格式(O) 查看(V) 帮助(H)
姓名,性别,组号,A1,A2,B1,B2
1,BaiH,F,1,86,55,82,P
2,ChenW,M,2,83,88,80,P
3,ChenZ,F,3,91,94,83,P
4,HuX,M,4,72,80,82,F
5,Huyan,F,1,95,98,89,P
6,JiX,F,2,77,65,66,P
7,LiB,F,3,87,89,90,P
8,LiuY,F,1,87,90,88,P
9,LiuZ,M,2,54,78,65,F
10,LiX,M,4,88,78,77,P
11,MaY,M,3,92,94,90,P
12,PengH,M,4,83,66,57,P
13,QuY,M,1,82,77,80,P
14,RenM,M,2,81,87,88,F
15,SiS,F,3,65,70,80,P
16,TangK,F,4,69,54,64,P
17,TengY,F,1,71,66,70,P
18,WangL,M,2,88,97,98,P
19,WangY,F,3,88,76,77,P
20,XiaoH,M,4,92,77,54,P
21,YangM,F,1,56,42,50,F
22,YangW,F,2,33,0,65,F
23,YinF,M,3,87,65,缺考,P
24,ZhangY,M,4,90,76,70,P
25,ZhaoM,F,1,96,80,76,P
26,ZhouY,F,2,98,100,96,P
第 1 行，第 1 列 100% Windows (CRLF) ANSI

图 5.9 write.table( )函数改变参数取值输出 StudentAll 的结果

	A	B	C	D	E	F	G	H
1		姓名	性别	组号	A1	A2	B1	B2
2	1	BaiH	F	1	86	55	82	P
3	2	ChenW	M	2	83	88	80	P
4	3	ChenZ	F	3	91	94	83	P
5	4	HuX	M	4	72	80	82	F
6	5	Huyan	F	1	95	98	89	P
7	6	JiX	F	2	77	65	66	P
8	7	LiB	F	3	87	89	90	P
9	8	LiuY	F	1	87	90	88	P
10	9	LiuZ	M	2	54	78	65	F
11	10	LiX	M	4	88	78	77	P
12	11	MaY	M	3	92	94	90	P
13	12	PengH	M	4	83	66	57	P
14	13	QuY	M	1	82	77	80	P
15	14	RenM	M	2	81	87	88	F
16	15	SiS	F	3	65	70	80	P
17	16	TangK	F	4	69	54	64	P
18	17	TengY	F	1	71	66	70	P
19	18	WangL	M	2	88	97	98	P
20	19	WangY	F	3	88	76	77	P
21	20	XiaoH	M	4	92	77	54	P
22	21	YangM	F	1	56	42	50	F
23	22	YangW	F	2	33	0	65	F
24	23	YinF	M	3	87	65	缺考	P
25	24	ZhangY	M	4	90	76	70	P
26	25	ZhaoM	F	1	96	80	76	P
27	26	ZhouY	F	2	98	100	96	P
28								

图 5.10　write.csv( )函数输出 StudentAll 的结果

本章主要介绍了一些常见的函数，包括对数据进行计算的函数、对数据框操作的函数及输出函数等。函数在编程中具有非常重要的作用，当有待进行一些特定的操作时，就需要能够专门完成某种特殊功能的函数，第 6 章将介绍如何编写函数。

第 6 章 循环与函数

循环与函数在编写代码中具有非常重要的作用，本章将介绍 R 中的循环是如何实现的，以及如何在 R 中编写读者自己想要的函数。在介绍循环与函数的基本用法时，以我国古代圆周率的计算方法为例，彰显出我国古代伟大科学家的非凡智慧和我国在自然科学领域取得的卓越成就。

6.1 for( )循环的基本用法

R 中的循环都可以通过各种基本的函数来实现，其中最常用的实现循环的函数是 for( )。for( )循环的最简单用法如下：

```
>for(i in 1:5) {
+     cat('这是第',i,'次输出\n')
+ }
这是第 1 次输出
这是第 2 次输出
这是第 3 次输出
这是第 4 次输出
这是第 5 次输出
```

上述代码中，for( )函数中小括号里的 i 表示循环变量，in 表示循环变量在哪里取值，这里是在“1:5”向量序列中依次取值，即分别取 1、2、3、4、5 这 5 个数。之后的大括号{ }中的代码是循环体，i 依次取 5 个值时，大括号里的代码按照 i 的取值依次执行 5 次。因此，可以看到，这里代码中循环体的命令是执行一条输出语句“这是第 i 次输出”，随着 i 的变化，依次返回了 5 条输出结果。

需要注意的是，for( )循环中 in 后的表达式仅仅表示 i 需要把这个向量的全部值都取一遍，但这个向量中的值不一定是连续变化的，甚至不一定是数值，例如，

```
>for(i in c(13,23,'Hello','R')){
+     cat('这次输出的是',i,'\n')
+ }
这次输出的是 13
这次输出的是 23
这次输出的是 Hello
这次输出的是 R
```

可以看到，上述代码中，i 只是把向量(13,23,Hello,R)的所有元素分别取了一遍，然后执行操作“这次输出的是 i”，而 i 的取值完全没有规律，甚至可以是字符串向量如 Hello、R 都可以。这一点在用 R 进行分析处理问题时将会非常方便。

上面只是用最简单的方式展示了 for()循环的执行过程。接下来看一个非常有意思的例子，从而进一步学习循环的使用。

6.2　割圆术

割圆术是计算圆周率的一个非常重要的思想。中国魏晋时期伟大的数学家刘徽在批判总结数学史上各种已有的圆面积计算方法基础上，提出了用圆内接正多边形的面积近似圆的面积，随着内接正多边形边数的增加，这两者的面积将无限接近，最终两者将完全一致。刘徽也以此方法提出了计算圆周率的思路。之后，南北朝时期的祖冲之提出用圆内接正多边形的周长来逼近圆的周长，进而计算圆周率的方法，这些就是所谓“割圆术”的思想。刘徽、祖冲之等数学家吃苦耐劳、潜心治学、精益求精的高尚美德正如他们的科学结晶一样在历史的长河中熠熠生辉。这里分别基于刘徽和祖冲之的方法，应用 R 语言来近似计算圆周率的值。

圆内接正多边形中正 6 边形是非常特殊的一类，因为若假设圆的半径是 r，根据基本的几何知识，可以知道，其内接正 6 边形的边长也是 r，刘徽和祖冲之的工作都是从圆内接正 6 边形开始的。图 6.1 所示是一个圆及其内接正 6 边形。O 为圆心，A 和 B 为圆内接正 6 边形的两个顶点，选取 $\overset{\frown}{AB}$ 的中点 D，连接 OD，其与 AB 交于 C，显然，C 为 AB 的中点，且 OD 与 AB 垂直。若在 6 边形的每个弧段上都取中点，则连接后可以形成正 12 边

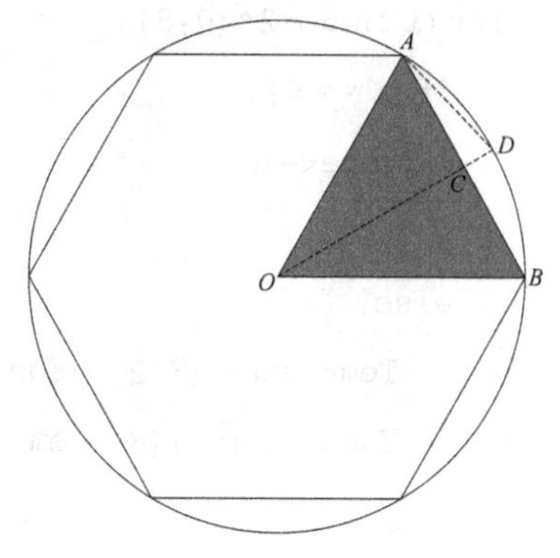

图 6.1　圆内接正 6 边形

形，因此，AD 可以看作是正12边形的一条边，A、D、B 均为正12边形的顶点。假设此圆的半径为 r，则 OA、OB、AB 的长度均为 r。

6.2.1 基于刘徽思想的近似方法

首先，基于刘徽的思想，用圆内接正多边形的面积近似表示圆的面积。如图6.1所示，$\triangle OAD$ 的面积可以表示为圆的半径 OD 乘以 AC 除以2，这里 $OD=r$，$AC=r/2$，而 $\triangle OAD$ 的面积正是圆内接正12边形面积的1/12，因此，圆内接正12边形的面积为 $12\times0.5\times OD\times AB/2$，也就是6倍的圆的半径乘以正6边形边长的一半，同时，在 $\triangle OAC$ 和 $\triangle ACD$ 中分别使用勾股定理，可以求得正12边形边长 AD 的长度；依此类推，可以求得圆内接正24边形、正48边形的面积；也就是说，确定圆内接正 i 边形的边长后，就可以得到圆内接正 $2i$ 边形的面积。用圆内接正多边形的面积近似表示圆的面积，除以半径的平方，就可以得到圆周率的近似值。现将上述思路进行整理，写出近似计算圆周率的流程：

1. 从圆内接正6边形出发，初始边长值为圆半径 r；
2. 根据圆内接正 i 边形的边长，计算正 $2i$ 边形的面积；同时，根据勾股定理计算正 $2i$ 边形的边长；
3. 根据圆内接正 $2i$ 边形的面积，近似计算圆周率的值；
4. 将 i 的值增加一倍，返回第2步，直至计算足够多步时，就可以得到圆周率的近似值。

可以看到，上述流程显然是一个循环的过程，现将上述流程用代码写出来：

```
>R <-1
>for(i in 6*2^(0:8)) {
+   if(i==6){
+      Edge<-R
+      }
+   else{
+      Tem<-sqrt(R^2-(Edge/2)^2)
+      Edge<-sqrt((R-Tem)^2+(Edge/2)^2)
+   }
+   Area <-i*R*Edge/2
```

```
+   Cpi<-Area/(R^2)
+   cat('用正',2 * i,'边形面积近似圆面积时,圆周率约为',Cpi,'\n')
+   cat('此时误差为',abs(pi - Cpi),'\n\n')
+}
用正 12 边形面积近似圆面积时,圆周率约为 3
此时误差为 0.14159265358979312

用正 24 边形面积近似圆面积时,圆周率约为 3.1058285412302489
此时误差为 0.035764112359544242

用正 48 边形面积近似圆面积时,圆周率约为 3.1326286132812378
此时误差为 0.0089640403085553544

用正 96 边形面积近似圆面积时,圆周率约为 3.1393502030468667
此时误差为 0.0022424505429263775

用正 192 边形面积近似圆面积时,圆周率约为 3.1410319508905098
此时误差为 0.00056070269928332195

用正 384 边形面积近似圆面积时,圆周率约为 3.1414524722854624
此时误差为 0.00014018130433068876

用正 768 边形面积近似圆面积时,圆周率约为 3.1415576079118579
此时误差为 3.5045677935219288e - 05

用正 1536 边形面积近似圆面积时,圆周率约为 3.1415838921483186
此时误差为 8.7614414745473823e - 06

用正 3072 边形面积近似圆面积时,圆周率约为 3.1415904632280505
此时误差为 2.1903617426488609e - 06
```

上述代码中,除了 for()循环外,还有一个新的语句需要注意,就是 if()函数。if()函数是 R 中非常重要的一个命令,通常配合 else 语句一起使用。if()函数表示判断,如果 if 之后小括号里的条件成立,则执行后面大括号里的命令,上述代码中为“Edge <- R”;如果 if()函数小括号里的条件不成立,则不执行其后大括号里的语句;当然,如果有 else,当 if()判断的条件不成立时,则执行 else 后面大括号里的命令。需要注意的是,if()函数可以在任何代码中使用,但是 else 命令一般只能在循环体或者函数体中使用,其他地方一般无法使用。

在上述代码的计算中,为了简单起见,假定圆的半径为 1,代码中 R 表示圆的半径，取值为 1。循环变量 i 在序列 6 * 2^(0:8)中取值，其值分别为 6，12，24，…。Edge 表示正多边形的边长，其值随着 i 的变化而改变。当 i 等于 6 时，即对于初始的正 6 边形，Edge 取值是半径 1；当 i 大于 6 时，其值可以通过对△OAC 和△ACD 使用勾股定理得到。Tem 是临时变量，存储 OC 的长度，如图 6.1 所示，根据勾股定理，其值为 R 的平方减去正 i 边形边长一半的平方，再开方。Area 表示正 $2i$ 边形的面积。Cpi 表示用正 $2i$ 边形的面积近似圆的面积得到的圆周率的近似值。

上述代码，分别计算了 i 依次取 6、12、24、48，最终到达 6 * 2^8＝1536 时，正 $2i$ 边形的面积，并近似计算了圆周率，同时得出它与真实圆周率的绝对误差。可以看到，用正 12 边形近似计算圆周率时，其结果是 3，但是随着 i 的增加，当用正 192 边形近似计算圆周率时，其值约是 3.141031；增加到正 3072 边形时，近似得到圆周率的结果约是 3.1415904。由于 R 中的 pi 表示的就是圆周率，所以在每一步计算出 Cpi 之后，还给出了计算的圆周率与 pi 的误差，可以看到，用正 3072 边形近似计算圆周率时，其误差仅仅是 10 的－6 次方，这个误差非常微小。

而在约两千年前，中国古代的数学家刘徽就用正 3072 边形计算圆周率的近似值是 3.1416，这和当今计算机计算的结果是吻合的，也展现出古代中国在自然科学领域的伟大成就，因此，3.1416 这个数常被称为“徽率”。

6.2.2 基于祖冲之思想的近似方法

接下来，基于祖冲之的思路计算一下圆周率，用圆内接正多边形的周长近似圆的周长，从而得到圆周率的近似值。在图 6.1 中，正 6 边形的边长是 AB，其长度等于圆的半径 r。因此，正 6 边形的周长是 $6r$，用其周长除以 $2r$ 就可以得到圆周率的近似值，此时为 3；在三角形△OAC 中，AC 长度是 $r/2$，OA 长度是 r，根据勾股定理，可以得到 OC 的长度；在△ACD 中，AC 长度为 $r/2$，CD 长度为 r 减去 OC 的长度，由此可以算出 AD 的长度，而 AD 恰好是正 12 边形的边长，从而可以得到正 12 边形的周长，用其周长除以 $2r$，就可以得到圆周率的近似值。依此类推，可以得到正 24 边形、正 48 边形等多边形的周长，并以此计算圆周率的近似值。现将这个思路整理一下，可以得到用祖冲之的方法近似计算圆周率的流程：

1. 从圆内接正 6 边形出发，初始边长值为圆半径 r，此时圆周率的近似值为 3；

2. 根据圆内接正 i 边形的边长，应用勾股定理，计算出正 $2i$ 边形的边长；

3. 根据正 $2i$ 边形的边长，计算正 $2i$ 边形的周长，用周长除以 $2r$，即得圆周率的近似值；

4. 将 i 的值增加一倍，返回第 2 步，直至计算足够多步时，就可以得到圆周率的近似值。

可以看到，与刘徽的算法类似，上述流程也是一个循环过程，将其用代码写出来，如下所示：

```
>R <-1
>for(i in 6 * 2^(0:13)){
+   if(i==6){Edge <-R}
+   else{
+      Tem <-sqrt(R^2 - (Edge/2)^2)
+      Edge <-sqrt((R - Tem)^2 + (Edge/2)^2)
+    }
+   Cpi<-Edge * i/(2 * R)
+   cat('用正',i,'边形周长近似圆周长时,圆周率 pi 约为',Cpi,'\n')
+   cat('此时误差约为',abs(pi - Cpi),'\n\n')
+ }
用正 6 边形周长近似圆周长时,圆周率 pi 约为 3
此时误差约为 0.14159265358979312

用正 12 边形周长近似圆周长时,圆周率 pi 约为 3.1058285412302489
此时误差约为 0.035764112359544242
用正 24 边形周长近似圆周长时,圆周率 pi 约为 3.1326286132812378
此时误差约为 0.0089640403085553544

用正 48 边形周长近似圆周长时,圆周率 pi 约为 3.1393502030468667
此时误差约为 0.0022424505429263775

用正 96 边形周长近似圆周长时,圆周率 pi 约为 3.1410319508905098
此时误差约为 0.00056070269928332195
用正 192 边形周长近似圆周长时,圆周率 pi 约为 3.1414524722854624
此时误差约为 0.00014018130433068876

用正 384 边形周长近似圆周长时,圆周率 pi 约为 3.1415576079118579
此时误差约为 3.5045677935219288e - 05
```

用正 768 边形周长近似圆周长时,圆周率 pi 约为 3.1415838921483186
此时误差约为 8.7614414745473823e - 06

用正 1536 边形周长近似圆周长时,圆周率 pi 约为 3.1415904632280505
此时误差约为 2.1903617426488609e - 06

用正 3072 边形周长近似圆周长时,圆周率 pi 约为 3.1415921059992717
此时误差约为 5.4759052137143271e - 07

用正 6144 边形周长近似圆周长时,圆周率 pi 约为 3.1415925166921577
此时误差约为 1.3689763544988409e - 07

用正 12288 边形周长近似圆周长时,圆周率 pi 约为 3.141592619365384
此时误差约为 3.4224409084515628e - 08

用正 24576 边形周长近似圆周长时,圆周率 pi 约为3.1415926450336911
此时误差约为 8.5561020490843021e - 09

用正 49152 边形周长近似圆周长时,圆周率 pi 约为3.1415926514507682
此时误差约为 2.1390249571595632e - 09

上述代码的逻辑关系与前面刘徽割圆术类似,区别是用圆的周长来计算圆周率,而不是用面积计算。为了简单起见,这里圆的半径仍然取值为 1,循环变量 i 在序列6 * 2^(0:13)中取值,即从 6、12、24 一直到 6 * 2^13＝49152。当 i 等于 6 时,用正 6 边形周长近似圆的周长,得到的圆周率近似值为 3,进一步计算可以得到正 12 边形的边长;依此类推,可以得到圆周率的一系列近似值。当 i 取 3072 时,可以得到圆周率的近似值大约是 3.14159;当 i 取到 24576 时,可以得到圆周率的近似值是3.1415926;当 i 为 49152 时,根据近似计算,可以得到圆周率的近似值在 3.1415926514附近。这个结果与真实的圆周率的误差在 10 的－9 次方数量级。

而南北朝时期的祖冲之,早在一千五百多年前,就通过对圆内接正 49152 边形周长的计算,得到圆周率在 3.1415926 和 3.1415927 之间,他是世界上第一个将圆周率计算到小数点后 7 位的数学家,比欧洲早了近一千年。因为有了计算机和编程语言,现在可以在瞬间就完成祖冲之当年的工作,甚至可以计算得更精确,而循环在这里发挥了重要作用。

6.2.3 循环函数的作用

在 R 中,for( )循环具有重要的作用,也是一种常见的循环格式。但是,在有些情况下，for( )循环可能并不方便。例如，对上面计算圆周率的例子，只能用迭代的次数来控制，以得到一个比较精确的圆周率的值；如果能用精度来控制，得到一个目标精度的圆周率的值，有时可能会更加有效，并且这种需求在很多时候是很有必要的。R 中提供了进行这种操作的循环函数，即 while( )函数。如下所示是基于祖冲之割圆术计算圆周率的一段循环代码，使用了 while( )函数来根据目标精度控制迭代次数。

```
>R<-1
>Cpi<-0
>i<-6
>Err<-0.0001
>while(abs(Cpi-pi)>Err){
+   if(i==6){Edge<-R}
+   else{
+     Tem<-sqrt(R^2-(Edge/2)^2)
+     Edge<-sqrt((R-Tem)^2+(Edge/2)^2)
+   }
+   Cpi<-Edge*i/(2*R)
+   i<-i*2
+ }
>cat('当误差为',Err,'时,
+用正',i/2,'边形可近似得到圆周率的值,\n',
+'值为',Cpi)
当误差为 1e-04 时,
用正 384 边形可近似得到圆周率的值,
值为 3.1415576079118579
```

代码中 R 表示圆的半径，为了计算简单，仍然选取为 1；Cpi 用来记录圆周率的近似值，其初始值可以任意选取，此处取定初始值为 0；i 表示正多边形的边数，初始值为 6；Err 表示误差，这里要求用割圆术计算圆周率的近似值，误差不超过 0.0001。while( )循环后小括号里为判断条件，当条件成立时，执行其后大括号循环体中的命令，这里的判断条件为 abs(Cpi-pi)>Err，也就是，当 Cpi 与真实圆周率的误差大于 Err 时，就执行循环体中的命令。循环体中的命令与前面使用 for( )循环时是类似的，用正 i 边形的周长近似计算圆周率的值。但是需要注意，这里

while( )循环体的最后一句 i<- i * 2 是非常重要的，它表示每次计算完圆周率的近似值后，将正 i 边形的边数扩大一倍，否则，循环将永无休止地进行下去，不会停止。在要求误差为 0.0001 的情况下，可以看到，只需要算到正 384 边形即可，得到的圆周率近似值约为 3.1415576。当圆周率取到这个值时，它和真值的误差便小于 Err，此时，while( )函数中的判断条件就不成立了，因此，循环结束。在输出的 cat( )函数中，正多边形的边数为 $i/2$，这是因为每次循环的最后一句为 i<- i * 2，此时再去判断 while( )后的条件是否成立，如果不成立，说明计算达到目标精度，循环结束，因此正 $i/2$ 边形是满足条件的正多边形。

与 for( )循环相比，while( )循环可以通过目标精度来控制循环的次数，然后输出结果，此外，如有必要也可以输出循环步数。这两个循环命令各有优势，在实际编写代码时都是很有用的。

6.3 函数

前面章节已经介绍了很多 base 包中的函数，对于 R 来说，由于其是开源软件，所以每天都会有很多 R 语言爱好者做出更多的包和函数供大家使用。然而，针对某些具体问题，有时需要编写具有特定功能的函数，这一小节将主要讲述如何编写满足个人需求的函数。

例如，对于前面的割圆术问题，虽然写出了循环代码来解决这个问题，但是每次使用的时候都需要把所有代码运行一遍，并且如有需要修改参数，需要在循环中改，不太方便。如果把上面的代码转换成一个使用割圆术计算圆周率的函数，那么需要确定的是函数的输入和输出部分。根据上面已经列出的代码，可以考虑把函数的输入设置为圆周率近似值与真值的误差，输出是圆周率的近似值和正多边形的边数(注意，这里重点是借助割圆术讲解如何建立函数)。

R 中建立函数的语句是 function( )，可以使用如下代码来完成上述任务：

```
>Cyclotomy1<- function(Err){
+  R<- 1
+  Cpi<- 0
+  i<- 6
+  while(abs(Cpi - pi)>Err){
+    if(i == 6){Edge<- R}
+    else{
```

```
+        Tem<- sqrt(R^2 - (Edge/2)^2)
+        Edge<- sqrt((R - Tem)^2 + (Edge/2)^2)
+      }
+      Cpi<- Edge * i/(2 * R)
+      i<- i * 2
+    }
+    Result<- c(Cpi,i/2)
+   return(Result)
+ }
```

根据上述代码,此处建立了一个名为 Cyclotomy1 的函数,运行之后,并没有返回任何结果。因为上述代码只是生成了一个 Cyclotomy1()的函数,并未进行实际操作。这里的 function()是创建函数的命令,表示生成函数;Err 是形式参数,表示函数 Cyclotomy1()有一个参数,其值用 Err 表示,意义为圆周率近似值与真值的误差,函数体的内容在大括号内,和之前使用 while()循环计算圆周率的代码类似;return 表示返回值是什么,这里返回了 Result 这个变量,其有两个值,Cpi 和 i/2,分别表示圆周率的近似值和正多边形的边数。生成函数后,就可以在 R 中调用它,例如,用割圆术近似计算圆周率,误差控制在 0.0001,便可以使用如下代码:

```
>Cyclotomy1(0.0001)
[1]   3.1415576079118579 384.0000000000000000
```

在误差精度要求是 0.0001 的时候,圆周率的近似值约为 3.1415576,需要用圆内接正 384 边形来近似表示。

上述代码的返回结果并不直观,实际上,R 中函数的返回结果并不一定要用 return()来表示。现将上面 Cyclotomy1()的返回值变得易读一些。

```
>Cyclotomy1<- function(Err){
+   R<- 1
+   Cpi<- 0
+   i<- 6
+   while(abs(Cpi - pi)>Err){
+     if(i == 6){Edge<- R}
+     else{
+        Tem<- sqrt(R^2 - (Edge/2)^2)
+        Edge<- sqrt((R - Tem)^2 + (Edge/2)^2)
```

```
+       }
+      Cpi<-Edge * i/(2 * R)
+      i<-i * 2
+    }
+   cat('当误差为',Err,'时,用正',i/2,'边形近似即可\n',
+         '此时,圆周率的近似值为',Cpi)
+ }
```

显而易见,上面代码的返回结果更加直观。再次计算误差为 0.0001 的圆周率近似值,使用 Cyclotomy1()函数,结果如下所示:

```
>Cyclotomy1(0.0001)
当误差为 1e-04 时,用正 384 边形近似即可
此时,圆周率的近似值为 3.1415576079118579
```

可以看到编写计算圆周率的函数,既可以使用刘徽的割圆术思想,也可以用祖冲之的割圆术思想。在 R 中,函数的形式参数有多个,在输入的时候可以通过选择具体参数决定使用哪种方法。

```
>Cyclotomy<-function(Err,Op){
+   R<-1
+   Cpi<-0
+   i<-6
+   while(abs(Cpi-pi)>Err){
+     if(i==6){Edge<-R}
+     else{
+       Tem<-sqrt(R^2-(Edge/2)^2)
+       Edge<-sqrt((R-Tem)^2+(Edge/2)^2)
+     }
+     if(Op=='Zu'){
+       Cpi<-Edge * i/(2 * R)
+     }
+     else if(Op=='Liu'){
+       Area<-i * R * Edge/2
+       Cpi<-Area/(R^2)
+      }
```

```
+      i<-i*2
+     }
+       if(Op=='Zu'){
+         cat('当误差为',Err,'时,选用祖冲之割圆术近似圆周率,
+            用正',i/2,'边形近似即可\n',
+              '此时,圆周率的近似值为',Cpi)
+        }
+       else if(Op=='Liu'){
+         cat('当误差为',Err,'时,选用刘徽割圆术近似圆周率,
+               用正',i,'边形近似即可\n',
+               '此时,圆周率的近似值为',Cpi)
+     }
+ }
```

上述代码创建了一个名为 Cyclotomy( )的函数,它有两个参数,一个是 Err,表示误差是多少;另一个是 Op,取值为字符串,表示选择哪种割圆术方式计算圆周率。代码中除了前面的函数外,还涉及一个函数是 else if( )。这个函数表示如果不满足前面 if( )函数中的条件,但是满足 else if( )后小括号内的条件时,执行其后大括号中的命令。以上代码既可以通过祖冲之的割圆术近似计算圆周率,也可以使用刘徽的割圆术近似计算圆周率,读者可以通过调节参数 Op 来选择用哪一种方法。需要注意,刘徽割圆术的思想是用正 $2i$ 边形的面积近似计算圆周率,所以相应的输出语句 cat( )中并没有对 i 除以 2。可以试着使用这个代码进行计算,例如,输入如下代码:

```
>Cyclotomy(0.0001,'Zu')
当误差为 1e-04 时,选用祖冲之割圆术近似圆周率,
用正 384 边形近似即可
此时,圆周率的近似值为 3.1415576079118579
```

可以看到,两个参数的取值分别为 0.0001 和“Zu”,则返回了使用祖冲之割圆术计算圆周率的近似值:当误差为 0.0001 时,正 384 边形即可满足要求,结果约为 3.1415576。当然也可以选用刘徽割圆术来计算这个问题,使用如下命令:

```
>Cyclotomy(0.0001,'Liu')
当误差为 1e-04 时,选用刘徽割圆术近似圆周率,
用正 768 边形近似即可
```

此时,圆周率的近似值为 3.1415576079118579

因为函数 Cyclotomy( )有两个参数,如果在使用时忘记输入参数的值,函数将按照如下方式运行:

```
>Cyclotomy(0.0001)
Error in Cyclotomy(1e-04) : argument "Op" is missing, with no default
>Cyclotomy(0.0001,'liu')
```

可以看到,当忘记输入一个参数的值时,R 会报错,这样就可以及时修改。但是,当输错参数时,例如,“Liu”中的“L”错误地输入为小写字母“l”,这个时候运行函数得不到任何结果,也没有提示错误,进而难以修正。同时,也说明函数不够稳健,一个好的函数应该是在输入正确时得到正确的返回结果,输入错误时提示使用者输入有误。因此,对上述函数再次进行完善。

```
>Cyclotomy<-function(Err=0.001,Op='Zu'){
+  R<-1
+  Cpi<-0
+  i<-6
+  while (abs(Cpi-pi)>Err){
+   if(i==6){Edge<-R}
+   else{
+     Tem<-sqrt(R^2-(Edge/2)^2)
+     Edge<-sqrt((R-Tem)^2+(Edge/2)^2)
+    }
+     if(Op=='Zu') {
+       Cpi<-Edge*i/(2*R)
+     }
+     else if(Op=='Liu'){
+       Area<-i*R*Edge/2
+       Cpi<-Area/(R^2)
+     }
+     else {
+       Cpi<-pi
+     }
+     i<-i*2
```

```
+   }
+   if(Op == 'Zu'){
+     cat('当误差为',Err,'时,选用祖冲之割圆术近似圆周率,
+         用正',i/2,'边形近似即可\n',
+         '此时,圆周率的近似值为',Cpi)
+   }
+   else if(Op == 'Liu'){
+     cat('当误差为',Err,'时,选用刘徽割圆术近似圆周率,
+         用正',i,'边形近似即可\n',
+         '此时,圆周率的近似值为',Cpi)
+   }
+   else{
+     cat('输入有误,请检查:',Err,Op)
+  }
+ }
```

以上代码对前面的函数进行了如下几点完善:第一,给 Err 和 Op 设置了默认值,分别是 0.001 和“Zu”,这样,即使忘记输入参数值,这个函数也能返回相应的结果;第二,当检测出 Op 的值不是“Zu”或者“Liu”时,令 Cpi 取值为 π,这样可以尽快跳出循环而不至于做无用的计算;第三,当 Op 的值不是“Zu”和“Liu”时,输出提示语句,让使用者知道哪里出现问题。以下为这个函数的几个使用示例。

```
>Cyclotomy( )
当误差为 0.001 时,选用祖冲之割圆术近似圆周率,
    用正 96 边形近似即可
此时,圆周率的近似值为 3.1410319508905098
>Cyclotomy(Err = 0.0001)
当误差为 1e-04 时,选用祖冲之割圆术近似圆周率,
    用正 384 边形近似即可
此时,圆周率的近似值为 3.1415576079118579
>Cyclotomy(0.001,'zu')
输入有误,请检查: 0.001 zu
```

可以看到,当两个参数都没有输入时,函数也能按照默认值计算出一个结果;当忘记输入其中的一个参数,如只输入 Err = 0.0001,而没有输入 Op 的值时,函数

会按照 Err 的值和 Op 的默认取值“Zu”来进行计算；当输入有误，如把 Op 的值错写成小写时，函数会给出提示信息“输入有误，请检查”，并返回你输入的信息供查阅。相较而言，这个函数更加稳健，可以满足一般的使用需求。

观察前面编写的 Cyclotomy( )函数，可以看到，函数的参数可以是数，也可以是字符串。而在处理数据问题时，函数的参数可能需要是矩阵、数据框等数据类型，那么在 R 中如何进行操作呢？接下来，针对前面的学生成绩数据，来讲述如何编写一些简单的函数。

在讲述下面的内容前，需要说明一点：前面用割圆术计算圆周率的方法，只是借助这个思想来讲述循环及函数的使用，可能会有一些细节和真实历史上的计算有所出入，有些地方使用的方法不是很简单，甚至有些步骤可能并不是很完善。例如，在使用 while( )函数时，使用的误差是割圆术算得的圆周率近似值和真值 π 的误差，显然，在人们不知道 π 的真值的时候，这个条件是没办法使用的。但是，在类似问题的实际操作中，读者可以设置相对误差，即相邻两次计算的圆周率近似值的误差作为循环结束的条件，例如设置当前后两个圆周率的近似值误差小于0.0001时，计算结束。借助这种技巧，一般也能得到一个比较准确的结果，相关的代码读者可以当作练习来尝试实现。

接下来，针对 4.2 节的学生成绩数据，尝试编写一个函数，这个函数的作用是输出任何一门课程不及格学生的信息。

首先，载入数据。

```
>setwd('C:\\R\\myRdata')
>Student<-read.table(file = 'student.csv',skip = 1,
+            header = T,sep = ',')
```

这个数据已经使用了很多次，这里就不再赘述。通常情况下，成绩低于 60 分会认为是不及格，因此，对于某一门选定的科目，可以将每一门分数与 60 进行比较，如果低于 60，则返回学生信息，代码如下所示：

```
>StuInfo1<-function(X1,Op = 'A1'){
+   for (i in 1:dim(X1)[1]){
+     if(X1[i,Op]< 60){
+      Name.tem<-paste(X1$姓名[i])
+        cat(Name.tem,'的',Op,'科目不及格,
+             分数为',X1[i,Op],'\n')
+      }
```

```
+   }
+ }
```

此处编写了一个名为 StuInfo1( )的函数，其参数有两个，X1 为要处理的数据框，Op 取值为字符串，默认为 A1，表示默认输出的是 A1 科目不及格的学生信息。for( )循环的作用是把所有学生的信息遍历一遍，这里 dim(X1)[1]表示数据框 X1 的第一个维度，即 X1 有多少行，一般来说，这代表 X1 中有多少个样本，对于 Student 来说，实际上就是学生的数量。if( )函数判断第 i 个学生的 Op 科目是否超过 60 分，如果小于 60，即不及格，则输出学生的信息。paste( )函数的作用是连接两个字符串，形成一个新的字符串，如果 paste( )函数的作用对象只有一个变量，则其作用是把这个变量强制转换为字符串，这里如果不使用 paste( )函数，输出的将会是学生的编号，而不是学生的姓名信息。

此处可以使用 StuInfo1( )函数来获得某一科目不及格学生的信息。例如，想确认 A1 科目不及格的学生有哪些，可以使用如下命令：

```
>StuInfo1(Student,'A1')
LiuZ 的 A1 科目不及格，
        分数为 54
YangM 的 A1 科目不及格，
        分数为 56
YangW 的 A1 科目不及格，
        分数为 33
```

将数据框 Student 作为函数 StuInfo1 的第一个参数，第二个参数 Op 取值选 A1 科目。运行后可得，共有 3 位同学 A1 科目不及格，分别是 LiuZ 为 54 分，YangM 为 56 分和 YangW 为 33 分。因为函数 StuInfo1( )对于 Op 的默认取值是 A1，所以上述问题也可以用如下代码完成：

```
>StuInfo1(Student)
LiuZ 的 A1 科目不及格，
        分数为 54
YangM 的 A1 科目不及格，
        分数为 56
YangW 的 A1 科目不及格，
        分数为 33
```

类似地，可以查看其他科目的不及格情况：

```
>StuInfo1(Student,'A2')
BaiH 的 A2 科目不及格,
         分数为 55
TangK 的 A2 科目不及格,
         分数为 54
YangM 的 A2 科目不及格,
         分数为 42
YangW 的 A2 科目不及格,
         分数为 0
>StuInfo1(Student,'B1')
PengH 的 B1 科目不及格,
         分数为 57
XiaoH 的 B1 科目不及格,
         分数为 54
YangM 的 B1 科目不及格,
         分数为 50
Error in if(X1[i,Op]<60){ : missing value where TRUE/FALSE needed
```

可以看到,A2 科目不及格的有 4 个人,分别是 BaiH、TangK、YangM 和 YangW,成绩分别为 55、54、42 和 0;在查阅 B1 科目不及格的情况时,除了返回 PengH、XiaoH 和 YangM 的信息外,还出现了错误提示信息,这是因为学生成绩中 B1 科目有缺考的情况,所以无法用 NA 值和 60 进行比较。为了让函数更加稳健,必须解决这个问题。可以考虑在编写函数时,先判断是否有缺考。如果有缺考,直接返回相应的信息;如果没有缺考,再判断其是否及格,代码如下:

```
>StuInfo2<-function(X1,Op = 'A1'){
+   for(i in 1:dim(X1)[1]){
+     if(is.na(X1[i,Op]) = = T){
+       Name.tem<-paste(X1 $ 姓名[i])
+       cat(Name.tem,'的',Op,'科目缺考! \n')
+     }
+     else if(X1[i,Op]< 60){
+       Name.tem<-paste(X1 $ 姓名[i])
+       cat(Name.tem,'的',Op,'科目不及格,
```

```
+           分数为',X1[i,Op],'\n')
+       }
+    }
+ }
```

这里重新编写了一个函数 StuInfo2( )，参数仍然是两个：X1 和 Op。用 for( ) 循环遍历所有学生信息的时候，先用 if( ) 函数判断是否有缺考。如果有缺考，返回缺考信息；否则，用 else if( ) 函数判断是否小于 60，小于 60 的话返回不及格学生的信息。注意，这里使用的是 else if( ) 而不是 else，原因在于除了缺考外，学生成绩不一定小于 60，也有可能大于等于 60。用这个函数查阅学生 B1 科目的信息，将返回如下结果：

```
>StuInfo2(Student,'B1')
PengH 的 B1 科目不及格,
          分数为 57
XiaoH 的 B1 科目不及格,
          分数为 54
YangM 的 B1 科目不及格,
          分数为 50
YinF 的 B1 科目缺考!
```

可以看到，除了得到 PengH、XiaoH 和 YangM 3 位学生的不及格信息外，还发现 YinF 的 B1 科目处于缺考状态。因此，函数 StuInfo2( ) 比 StuInfo1( ) 更加完善，可以处理缺考的情况。但是，用 StuInfo2( ) 函数处理 B2 科目时，仍然出现了错误：

```
>StuInfo2(Student,'B2')
Error in if(X1[i,Op]<60) { : missing value where TRUE/FALSE needed
In addition: Warning message:
In Ops.factor(X1[i,Op], 60) : '<' not meaningful for factors
```

通过分析，可以看到出现这个错误的原因是 B2 科目的成绩并不是百分制，而是 P 和 F，P 代表通过(Pass)，F 代表不通过(Fail)，因此，P 和 F 是无法与 60 进行比较的。为了解决这个问题，需要再次完善这个函数，如下所示：

```
>StuInfo<-function(X1,Op='A1'){
+   for(i in 1:dim(X1)[1]){
+     if(is.na(X1[i,Op])==T){
```

```
+         Name.tem<- paste(X1 $ 姓名[i])
+         cat(Name.tem,'的',Op,'科目缺考！\n')
+       }
+       else if(X1[i,Op]= = 'F'){
+         Name.tem<- paste(X1 $ 姓名[i])
+         cat(Name.tem,'的',Op,'科目没有通过','\n')
+       }
+       else if(X1[i,Op]= = 'P'){ }
+       else if(X1[i,Op]< 60){
+         Name.tem<- paste(X1 $ 姓名[i])
+         cat(Name.tem,'的',Op,'科目不及格，
+             分数为',X1[i,Op],'\n')
+         }
+       }
+ }
```

这里建立了新的函数 StuInfo( )，旨在针对不同类型的成绩进行判断并完成输出。在对学生成绩进行逐个判断的时候，先判断是否有缺考现象，如果没有缺考，则继续判断成绩是否是“F”，如果是“F”直接输出“科目没有通过”的信息。反之如果不是“F”，则通过 else if(X1[i,Op]= = 'P'){ }命令判断成绩是否是“P”，如果是“P”，则说明考试通过，不输出任何信息。最后，如果成绩不是缺考，也不是“F”和“P”，考虑再和 60 比较判断是否及格。值得注意的是，判断成绩是否是“P”的这一句代码不能省略，否则会出现用“P”和 60 进行比较的情况，代码仍然会报错。

当然，这里仅仅介绍了一种有效的方法，还可以找到很多方法解决这个问题，读者可以自己尝试。对 B2 科目应用函数 StuInfo( )作用，就可以成功列出 B2 科目不通过的学生名单。

```
> StuInfo(Student,'B2')
HuX 的 B2 科目没有通过
LiuZ 的 B2 科目没有通过
RenM 的 B2 科目没有通过
YangM 的 B2 科目没有通过
YangW 的 B2 科目没有通过
```

可以看到，有 5 位学生 HuX、LiuZ、RenM、YangM 和 YangW 的 B2 科目考试

没有通过。完成上述的步骤后，便建立了一个比较稳健的函数 StuInfo( )，用来查阅学生考试不及格的名单，对于缺考、成绩不是百分制等各种情况都是有效的。

需要说明的是，这里主要讲述如何编写函数，核心并不是解决查阅学生考试不及格的问题。但是，只要数据框具有和 Student 类似的结构，都可以用它来查阅学生不及格的信息。当然，由于数据框 Student 的数据量比较少，不用这个函数也可以很快找到不及格的学生信息，但是在数据框很大、学生人数众多的情况下，直接观察数据提取出不及格的学生信息就比较困难，届时这个函数将发挥很大作用。

第 7 章 数据的可视化——绘图

前面的章节讲解了关于数据的访问、分析、计算等知识，以及如何编写所需要的函数。在实际生活中，图片往往可以凝练海量的数据，以直观鲜明的方式呈现出数据的特点。本章将介绍如何将数据的特点直观地展示出来，即数据的可视化问题，此处重点讲述如何绘图。以 2020 年初新型冠状病毒肺炎疫情发展态势作为切入点，从疫情起始进行数据收集，并完成图片绘制。在这幅疫情发展态势图片的背后，承载着全国上下万众一心、齐心抗疫的伟大壮举。而“抗疫精神”这一时代精神已经正式纳入中国共产党人精神谱系，必将激励世人斗志昂扬、砥砺前行。在介绍基本的绘图命令后，本章将从不同角度出发，以散点图、折线图、箱线图等绘图方式，展示探寻数据奥秘的方式与路径，颇有“横看成岭侧成峰，远近高低各不同”的人文魅力，进而培养读者多视角分析解决问题的能力。

7.1 基本绘图函数 plot( )

R 中有很多绘图的工具，而且有很多包可以专门提供进行数据可视化的操作，如 ggplot2。本章主要讲述应用 R 中最基本的 base 包进行绘图的知识，其中最常用的一个绘图函数就是 plot( )，以下基于前面提到的新型冠状病毒肺炎疫情的数据来学习 plot( )函数的使用方法。首先，读取数据。

```
> setwd('C:\\R\\myRdata')
> CovidChina<- read.table(file = 'covidChina.csv',skip = 0,
+                header = T,sep = ',')
```

随后查看这些数据的结构。

```
> str(CovidChina)
'data.frame':        83 obs. of   4 variables:
$ 日期.截至当日 24 时.: Factor w/ 83 levels "2020.1.10","2020.1.11",..:
```

```
1 2 3 4 5 6 7 8 9 10 ...
$ 累计确诊病例数    : int  41 41 41 41 41 41 45 62 121 214 ...
$ 现有确诊病例数    : int  NA NA NA NA NA NA NA NA NA NA ...
$ 累计死亡人数      : int  1 1 1 1 1 1 2 2 2 3 4 ...
```

上述数据在第 3 章介绍过，它有 4 个属性，83 个对象。从这段数据中，可以得到新冠肺炎疫情随时间的变化情况（在统计数据的时间段内），但是这些都是以数据的形式呈现的。如果想直观了解疫情随时间的变化情况，就需要绘图说明。plot( )函数可以实现这个功能，如，想查看一下“累计确诊病例数”的变化趋势图，可以使用如下代码：

```
>plot(CovidChina$累计确诊病例数)
```

运行之后，可以在 RStudio 的 Plots 窗口中看到结果，见图 7.1。

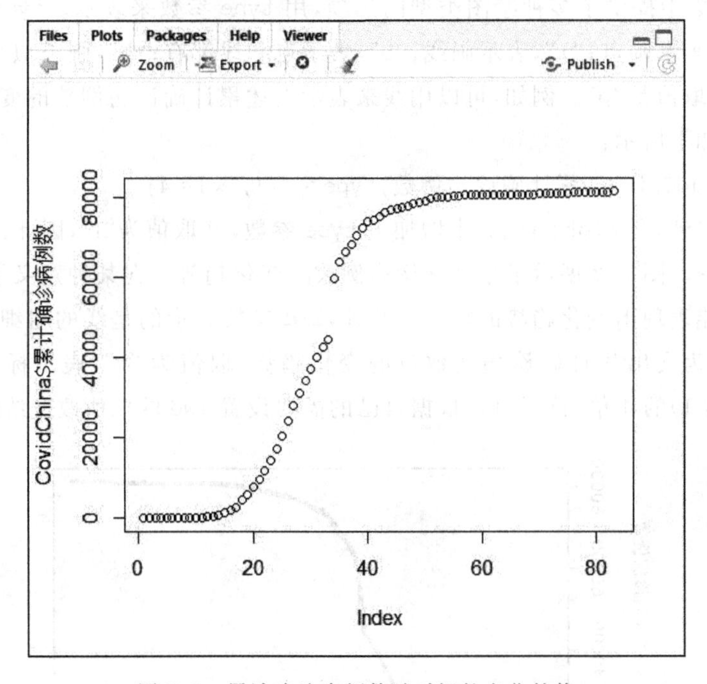

图 7.1　累计确诊病例数随时间的变化趋势

图 7.1 中，横坐标表示统计这些数据的时间先后顺序，纵坐标表示累计确诊病例数，因此，此图展示的就是累计确诊病例数随时间的变化趋势。需要说明的是，原数据中的变量“截至当日 24 时数据”表示的是截止到某天 24 时当天的最新数据，但是这个变量不具有数值的属性，因此，无法用这个变量作为时间直接使用，作图时也就没有采取这个变量作为横坐标（事实上，作图过程中 plot( )函数将会省

略横坐标)。由于累计确诊病例数是按照时间顺序统计的,因而横坐标就是按照数据的先后顺序依次罗列出来的结果。

图 7.1 中"Zoom"选项的作用是将图形放大;"Export"是将图片输出,点击后可以选择将图片另存为图片还是 PDF 格式,而图片中像常见的 JPEG、BMP、EPS 等格式在 R 中都可以进行保存;叉号表示删除当前的图片;扫帚符号表示删除所有图片。

由图可见,累计确诊病例数是随着时间先缓慢增加,这个时间段是从 2020 年 1 月 10 号到之后的 15 天内;从第 16 天开始,一直到第 40 天左右,确诊病例数急剧增加;40 天之后,病例数趋于缓和。从图片中发现这个规律比单纯看数据本身要直观得多,也更方便。

一般来说,对于数据的变化规律,可能用线来表示比用点来表示更好一些。plot( )函数中提供了多种绘图类型的选项,用 type 参数来表示。type 参数常用的有:"p",表示画点;"l",表示画线;"b",表示点和线都有;"h",画类似直方图的图形,其默认取值是"p"。例如,可以用线来表示上述累计确诊病例数的变化趋势,代码和结果如下所示:

```
>plot(CovidChina$累计确诊病例数,type='l',lwd=4)
```

可以看到,在 plot( )函数中增加了 type 参数,其取值为"l",因此绘制出来的图形是线图。图 7.2 展示了累计确诊病例数的变化趋势。在某种意义下线图确实比点图更能表现出变化趋势的特点。此外,lwd 参数表示的是线的粗细,仅对线图有效,这里为突出累计确诊病例数目的变化趋势,取值为"4",表示标准尺寸(即 lwd 取值为 1)的 4 倍,读者可以根据自己的需要设置 lwd 的取值改变线的粗细。

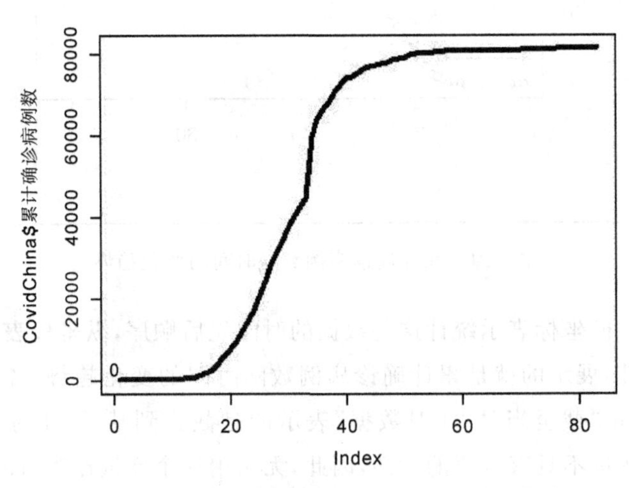

图 7.2　累计确诊病例数随时间的变化趋势(线图)

当然，也可以对 plot( ) 函数选用其他的绘图类型，要根据具体问题来选择合适的图形。

图 7.2 中虽然表现出了"累计确诊病例数"的变化趋势，但是横坐标和纵坐标的标签并不贴切（尤其是横坐标），该图也没有标题，而 plot( ) 函数提供了多个参数来实现这些功能。如上述的 type 参数可以设置不同的绘图类型；此外，若要对坐标加上合适的标签，可以使用 xlab 和 ylab 参数；若要给图形增加标题，可以使用 main 参数，详见如下的代码：

```
>plot(CovidChina$累计确诊病例数,type='l',lwd=4,
+             main='累计确诊病例数变化趋势',
+             xlab='时间',ylab='累计确诊病例数')
```

上述代码中，main 参数表示给图形增加了标题"累计确诊病例数变化趋势"，xlab 和 ylab 两个参数表示给坐标增加标签，分别是"时间"和"累计确诊病例数"，结果如图 7.3 所示。显然，这个图形比前面的图形具有更好的可读性。

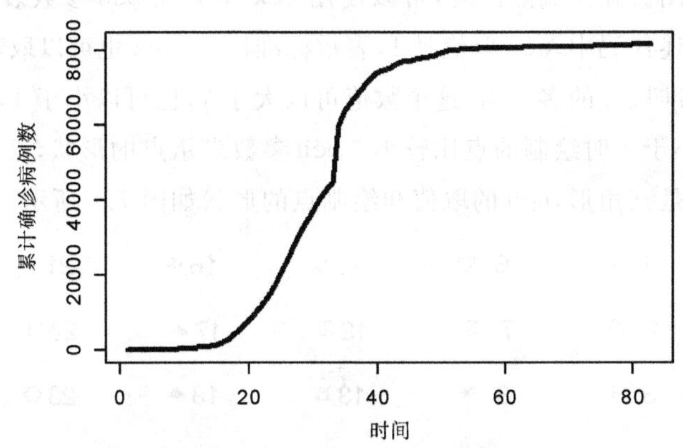

图 7.3　累计确诊病例数随时间的变化趋势（加标题和坐标标签）

为了让图形更加美观或者易于识别，除了使用不同的绘图类型外，还可以使用不同的颜色、绘图符号、符号的大小等不同参数对图形进行修饰。例如，仍然针对累计确诊病例数的变化趋势，尝试用如下代码绘图：

```
>plot(CovidChina$累计确诊病例数,type='p',
+             main='累计确诊病例数变化趋势',
+             xlab='时间',ylab='累计确诊病例数',cex=1,
+             col='green',pch=2)
```

运行上述代码的结果如图 7.4 所示。

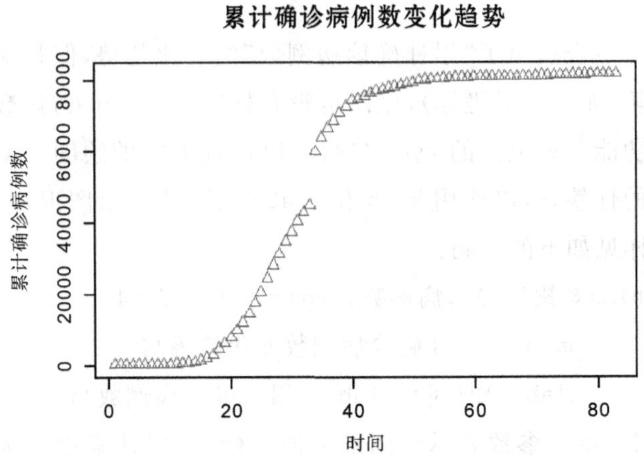

图 7.4　累计确诊病例数随时间的变化趋势(不同参数取值的点图,参见彩图 2)

根据前面所述,plot( )函数中 type 参数表示绘图的类型,这里取值是“p”,表示绘制的是点图。在绘制点图时,可以使用 cex 参数和 pch 参数表示绘制点的尺寸和形状。上述代码中,cex 取值是 1,表示标准尺寸;cex 也可以取其他数值,表示点的大小是标准尺寸的多少倍,这个数值可以大于 1,也可以小于 1,大于 1 时绘制的点比较大,小于 1 时绘制的点比较小。pch 参数表示点的形状,这里取值是 2,可以看到其形状是三角形,pch 的取值和绘制点的形状如图 7.5 所示。

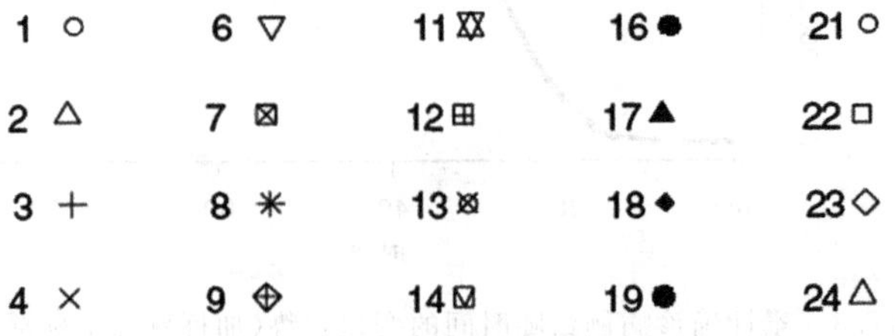

图 7.5　参数 pch 的取值与点的形状的对应关系

如图 7.5 可以看到,在绘制点图的时候,可供选择的形状有很多,包括空心圆、实心圆、三角形、菱形等。上述代码中还有一个非常重要的参数 col,表示绘制图形的颜色,这里取值是“green”,表示绿色。当然,col 的取值也可以是数值,但是选用数值的代码没有选用单词的代码看着直观,因此,一般建议使用单词表示颜色(如果读者对颜色的单词足够熟悉的话)。通过运用点的形状和颜色的组合,就可以在一张图中展示足够丰富的不同类型数据。

在绘制线图的时候，也可以用参数的不同取值使图形看起来更加美观并增加可读性。例如，运行以下代码：

```
>plot(CovidChina$累计确诊病例数,type='l',
+             main='累计确诊病例数变化趋势',
+             xlab='时间',ylab='累计确诊病例数',lwd=8,
+             col=4)
```

结果如图 7.6 所示。

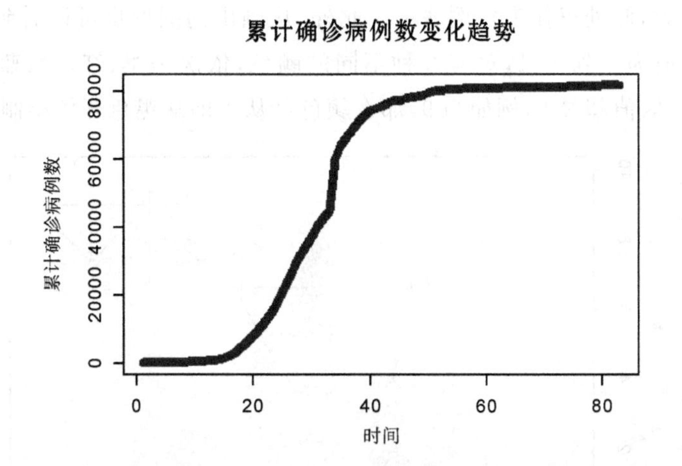

图 7.6　累计确诊病例数随时间的变化趋势(不同参数取值的线图，参见彩图 3)

代码中 type 参数的取值是"l"，所以绘制的是线图。main 和 xlab、ylab 的取值都和之前是一样的，因此图形具有相同的标题和坐标标签。参数 col 对于点图和线图均有效，表示颜色，这里取值是 4，可见显示的是蓝色；lwd 参数表示的是线的粗细，这里取值是 8。

事实上，在 plot( )函数中，像 col、cex、pch 等参数的取值其实都可以是向量。plot( )函数绘图的原理如下：每次从绘图数据中取出一个元素，然后再从 col、cex、pch 等参数中取出相应的数值，按照数值的取值绘制出图形；上述操作完成后再从数据中读取下一个元素。这种绘图的思路在解决一些数据分析问题时，可以用不同的图形样式展示出不同类型的数据。例如，运行如下代码：

```
>x<-1:10
>plot(x,col=x,pch=x,cex=x)
```

运行上述代码生成一个向量 x,取值为 1,2,…,10。然后,用 plot( )将 x 画出来。可以看到参数 col、参数 cex、参数 pch 的取值均为 x,这就意味着依次按照 x 的不同取值进行绘图。首先,考虑 x 中的第一个元素 1,那么此时 col 参数的取值是 x 的第一个值 1,代表黑色;其次,cex 的取值仍然是 x 的第一个值 1,代表绘制标准尺寸;最后,pch 的取值也是 x 的第一个值 1,从图 7.5 可以看到 1 代表的图形是空心圆,进而得到一个用黑色的标准尺寸的空心圆画出的 1 的图像,如图 7.7 所示。依此类推根据 x 中不同的元素,依次可以得到一个红色的 2 倍尺寸的三角形,……,紫色的 6 倍尺寸的倒三角等。当然,当图形的尺寸过大时,可读性并不好,占据的空间太大,此处仅作为样例展示。此外,从画出的图形也可以看到,plot( )函数中 col 取值为 1 到 8 时,对应 8 种不同的颜色,依次是黑、红、绿、蓝、青、紫、黄、灰;如果 col 取值超过 8,例如为 9,那么颜色又从 1 即从黑色开始绘制。

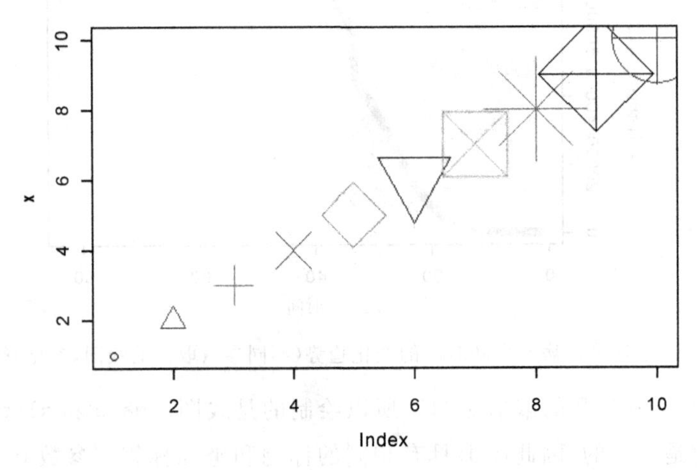

图 7.7　不同颜色、形状、尺寸的图形展示(参见彩图 4)

在 plot( )函数中,除了上述的常用参数外,xlim 和 ylim 参数也具有重要作用,可以指定 x 轴和 y 轴的坐标范围,代码如下所示:

```
>plot(x,col=x,pch=x,cex=x,
+     xlim=c(-5,20),ylim=c(-10,20))
```

可以看到,上述代码将 x 轴的坐标范围设定为(−5,20),y 轴的范围设定为(−10,20),得到的结果如图 7.8 所示。在实际作图时,关于 xlim 和 ylim 的范围通常可以设定为数据 x 的最大值或者最小值,以保证准确性。然而一般不需要设定这个范围,因为 plot( )函数默认绘制的图形满足坐标范围要求。

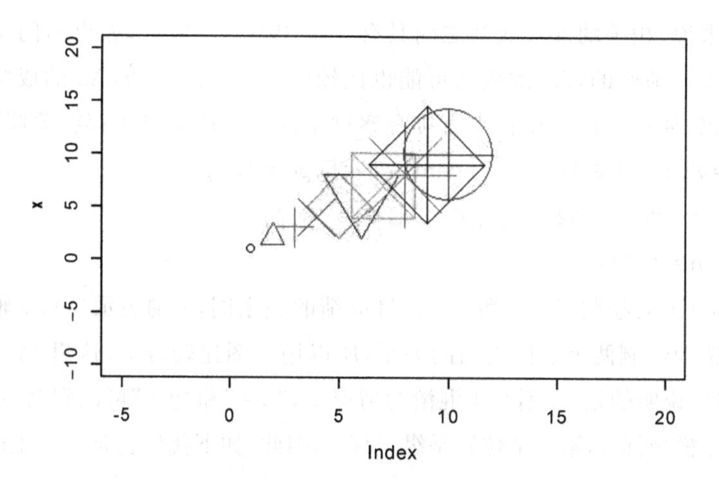

图 7.8 不同颜色、形状、尺寸的图形展示(指定坐标范围,参见彩图 5)

7.2 plot( )函数的更多使用方法和 curve( )函数

考虑到使用 plot( )函数绘图时只是针对一个数据绘制了其变化的规律,即表现的仅仅是纵坐标的数据,横坐标只是数据中元素出现的顺序。实践中,对于一般的二维绘图问题,plot( )函数需要横坐标和纵坐标两个数据。接下来,以学生成绩的数据作为例子,探讨该函数的作图问题。首先,导入数据。

```
>setwd('C:\\R\\myRdata')
>Student<-read.table(file = 'student.csv',skip = 1,
+            header = T,sep = ',')
>str(Student)
'data.frame': 26 obs. of  7 variables:
$ 姓名: Factor w/ 26 levels "BaiH","ChenW",..: 1 2 3 4 5 6 7 10 8 9 ...
$ 性别: Factor w/ 2 levels "F","M": 1 2 1 2 1 1 1 2 1 2 ...
$ 组号: int  1 2 3 4 1 2 3 4 1 2 ...
$ A1  : int  86 83 91 72 95 77 87 88 87 54 ...
$ A2  : int  55 88 94 80 98 65 89 78 90 78 ...
$ B1  : int  82 80 83 82 89 66 90 77 88 65 ...
$ B2  : Factor w/ 2 levels "F","P": 2 2 2 1 2 2 2 2 2 1 ...
```

Student 数据集之前讨论过很多次,这里不再赘述。

一般来说，相关的课程成绩之间具有一定相关性。例如，如果两门课程都是 A 类课程，A1 成绩好的，A2 的成绩可能也比较好；A1 成绩差的，A2 的成绩可能也不好。接下来，通过数据可视化来直接观察这里的学生成绩是否存在关联。

```
>plot(x = Student $ A1,y = Student $ A2,type = 'p',
+      main = "A1 和 A2 的关系图",xlab = 'A1',
+      ylab = 'A2')
```

plot( )函数绘制了 A1 和 A2 科目成绩的关系图，x 轴表示 A1，y 轴表示 A2，因为这里需要绘制两个数据之间的关系，所以用点图比较合适，这里 type 参数取值是“p”。需要说明的是，在不至于混淆的情况下，“x = ”和“y = ”可以省略，记住在第一个位置的是横坐标 x，第二个位置是纵坐标 y，因此，如下代码也是完全正确的。

```
>plot(Student $ A1,Student $ A2,type = 'p',
+      main = "A1 科目成绩与 A2 科目成绩的关系图",
+      xlab = 'A1', ylab = 'A2')
```

运行上述代码后，可得如图 7.9 所示的结果。

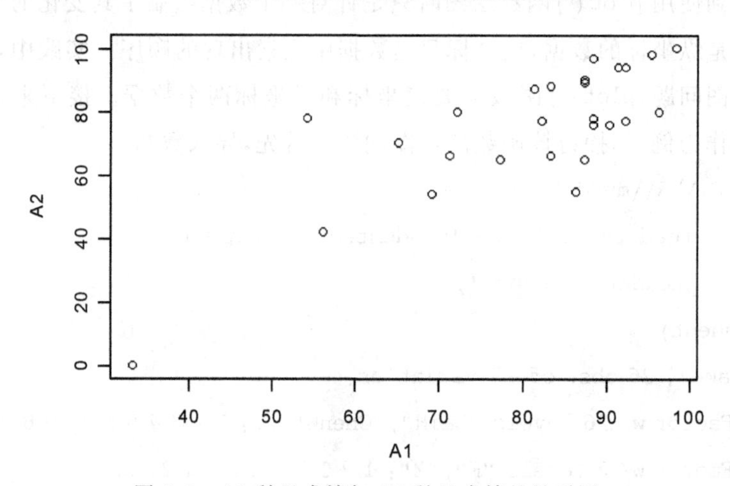

图 7.9　A1 科目成绩与 A2 科目成绩的关系图

由图 7.9 可见，A1 和 A2 有较明显的正比关系，即 A1 科目成绩较好的学生，A2 的成绩也较好；A1 成绩较差的学生，A2 的成绩也不好。为了对比效果更好，下面尝试在图 7.9 中加入一条呈正比例关系的线 $y=x$。在图形中加入另一条曲线，可以选用的方法有很多，例如，我们同样可以使用 plot( )函数，但是需要使用 par( )命令来确保是在现有图形中插入新图形，这里不详述这部分内容。此处引入一个新的绘图函数 curve( )，应用 curve( )函数可以很方便地绘制具有显式表达式的各种曲线。例如，如下代码可以绘制正弦函数的图像：

```
>curve(sin(x),add = F,col = 'green', lwd = 3,
+        from = - 10,to = 10)
```

curve( )函数中的第一个参数是所绘制曲线的函数表达式，此处为 sin(x)；add 参数表示是否在原有图形上绘图，取 T 表示在原有图形上绘图，取 F 表示重新绘图；col 和 lwd 参数分别表示颜色和曲线的宽度，和前面 plot( )函数中参数的使用方法是一样的，此处设置为 3 倍标准宽度的绿色线条；from 和 to 参数表示绘制曲线的区间，这里是－10 到 10。运行上述代码，见图 7.10。

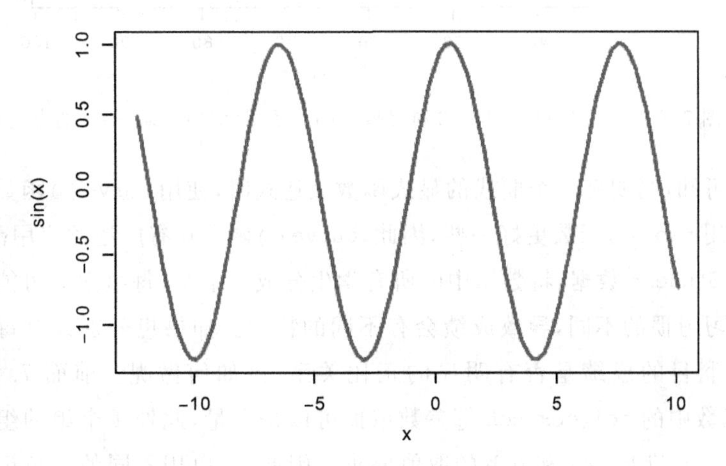

图 7.10　正弦函数的图像(参见彩图 6)

可以看到，图 7.10 用 3 倍宽度的绿色线条展示了正弦函数 sin(x)在－10 到 10 之间的图像。需要说明的是，curve( )函数除了上述常用的参数外，还有 type 参数，可以表示绘图使用的是线条还是点，默认取值是“l”，即线条；xlab 和 ylab 参数表示 x 轴和 y 轴的标签。

为了直观展示图 7.9 中 A1 科目和 A2 科目成绩的正比关系，考虑在图 7.9 中加入一条一次函数曲线 $y=x$，使用如下代码：

```
curve(x^1,add = T,col = 'red',lwd = 3)
```

上述代码中参数 add 的取值为 T，表示在原有图形之上绘制图像。因此，上述代码必须安排在绘制完图 7.9 之后运行，否则，图形就可能绘制到其他图形之上。运行后，将在图 7.9 的上面绘制了一条 $y=x$ 的直线，表示 A1 科目成绩与 A2 科目成绩的关系，如图 7.11 所示。

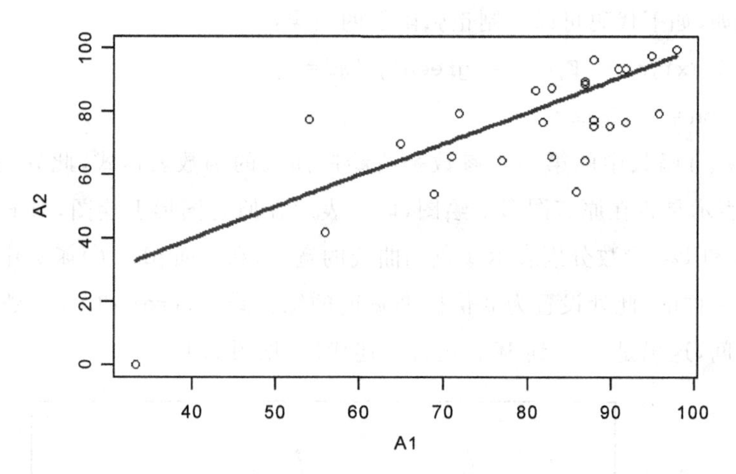

图 7.11　A1 科目成绩与 A2 科目成绩的关系图(增加一条 $y=x$ 的直线)

对比可知,当明确一个曲线的显式函数表达式时,使用 curve( )函数绘制其图像要比使用 plot( )函数更好一些,因此,curve( )函数具有广泛的应用范围。

基于 Student 数据,将数据中的所有学生分成 4 个组,每组学生可能由于学习环境和学习习惯的不同,导致成绩会有不同的特点。如果想分别针对每个组观察 A1 和 A2 科目的成绩是否有明显的正比关系,该如何做呢? 前面 7.1 节讲过,plot( )函数中的 col、cex、pch 等参数取值可以是向量,此处 4 个组的组号刚好是数字 1、2、3、4,满足 col 和 pch 的取值要求。因此,可以用不同的颜色记号绘制不同组的 A1 和 A2 科目的关系图,如下代码所示:

```
>plot(Student $ A1,Student $ A2,type = 'p',
+       pch = Student $ 组号,col = Student $ 组号)
>curve(x^1, add = T,col = 5,lwd = 3)
```

运行之后即得到图 7.12。此处,同样使用 curve( )函数做了一条一次函数曲线 $y=x$,采取的颜色取值是 5(即青色)。

从图中可见,黑色圆圈的数据(即第一组的数据)基本上存在于函数曲线 $y=x$ 周围,说明第一组学生的 A1 科目和 A2 科目的成绩有非常明显的正比关系;而红色三角形(第二组)和绿色十字(第三组)的数据也表现出较明显的正比关系;蓝色叉号(第四组)的数据大部分都出现在该曲线的下方,说明第四组的 A2 科目成绩略低。

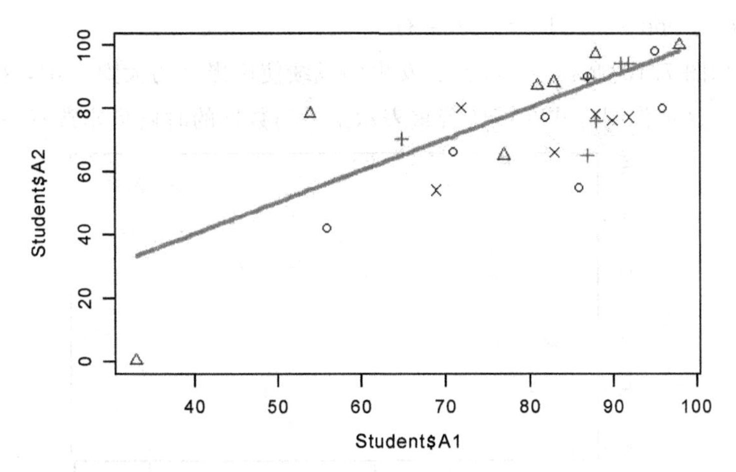

图 7.12　A1 科目成绩与 A2 科目成绩的关系图(按不同组分类,参见彩图 7)

上述 plot( )函数中的参数可以取向量的这种功能在进行数据分析的时候是非常有用的,如果样本或者数据的分类很多,还可以使用不同的符号尺寸(参数 cex)来表示,但是一般来说不同颜色和符号已经能够满足常规需求,如果在一张图中展示过多的数据,效果可能也不会很好。需要注意的是,col、cex、pch 等参数取值时必须满足它们取值的规定,如果不满足,需要用适当的变换进行转换。例如,想知道不同性别的学生 A1 科目和 A2 科目成绩的正比关系是否存在不同,如果使用如下代码,将提示错误。

```
>plot(Student$A1,Student$A2,type='p',
+      pch=Student$性别,col=Student$性别)
Error in plot.xy(xy, type,...):绘图符号不对
```

此时,可以使用如下语句对“性别”进行处理:

```
>Student$N 性别<- (Student$性别=='F')+1
```

如上,给 Student 数据增加了一个属性“N 性别”,然后判别其数值是否为“F”,如果是的话其取值为 1,否则取值为 0。但是由于 0 在绘图中无法展示,所以给“N 性别”的取值为上述值加上 1,也就是说,“N 性别”的取值会判别是否是女性,是的话取值为 2,否则取值为 1。这样,就可以按照性别来对 plot( )函数中的 col、cex、pch 等参数取值了。若读者想重点观察女生成绩的正比关系,可以将女生的图形绘制得大一点。代码如下所示:

```
>plot(Student$A1,Student$A2,type = 'p',
+      cex=Student$N 性别,col=3-Student$N 性别)
```

```
>curve(x^1, add=T,col=5,lwd=3)
```

结果如图 7.13 所示，可以看到，女生的成绩使用黑色的大圈表示，这样可以凸显其效果。这种作图方式在需要着重表示某一类数据的时候是非常有用的。

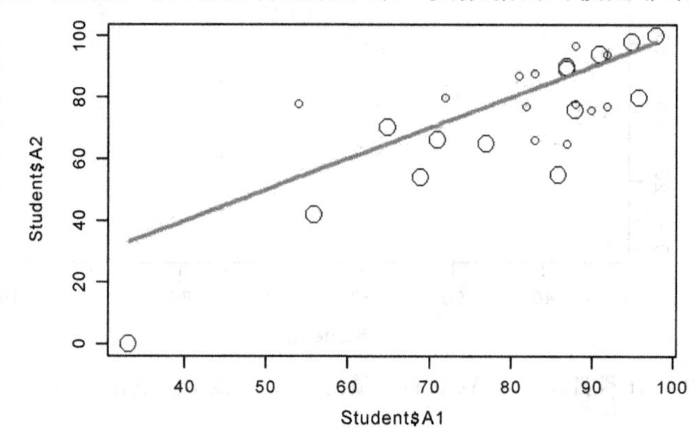

图 7.13　A1 科目成绩与 A2 科目成绩的关系图(按不同性别分类，参见彩图 8)

7.3　箱线图

箱线图(也称为箱型图、盒状图、盒须图等)可以直观展示某一序列数据的分布规律，对于了解数据特征非常有用，也是近些年来被广泛使用的一种数据可视化图形。这里仍然使用学生成绩的数据，来说明箱线图的使用方法。

在 R 中，绘制箱线图使用的函数是 boxplot( )，其用法分为基本用法和公式法两种。首先来看基本用法，例如，对 Student 数据中的 A1 科目成绩使用 boxplot( ) 函数，可以得到如下结果：

```
>boxplot(Student$A1)
```

如图 7.14 所示，图中“箱体”的上下边缘分别是 A1 数据的第一和第三四分位数；箱体中间黑色的粗线表示的是数据的中位数；从箱体上下边缘延伸出来的“须”分别是第一和第三四分位数加上四分位距(即第三四分位数减去第一四分位数的差)后的数值[①]。如果这个数值大于数据的最大值或者小于数据的最小值，则取最大值或者最小值画出相应的位置；图中最底下的圈代表的是“异常值”，表示与整体数据有较大误差的数值。

①这个距离在 boxplot( ) 函数中有相应的参数可以调整，后面会讲到。——编者注

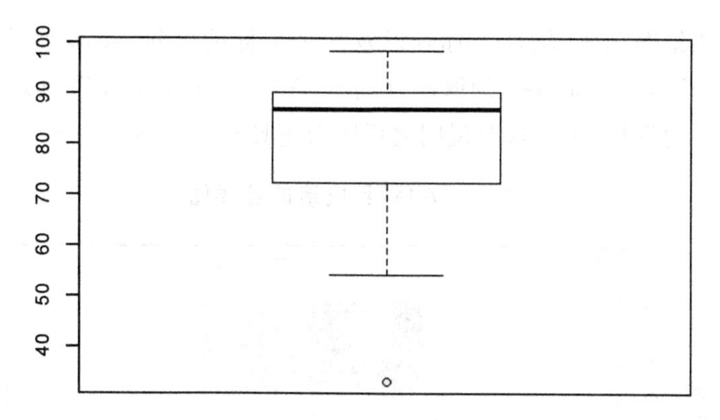

图 7.14　A1 科目成绩的箱线图

boxplot( )函数中还有一些参数,可以使图形变得更加美观实用且丰富多彩。首先,尝试改变图 7.14 中箱体的颜色和线条,使用的是 col 参数和 border 参数,如下代码所示:

```
>boxplot(Student$A1,col='green',border='red')
```

结果如图 7.15 所示,boxplot( )函数中 col 参数用来指定箱体的颜色,这里取值是“green”,因此可以看到箱体是绿色;border 参数用来指定箱体边缘的线、中位数线和两个“须”的颜色,这里是“red”,所以图 7.15 中展示的是红色的线。

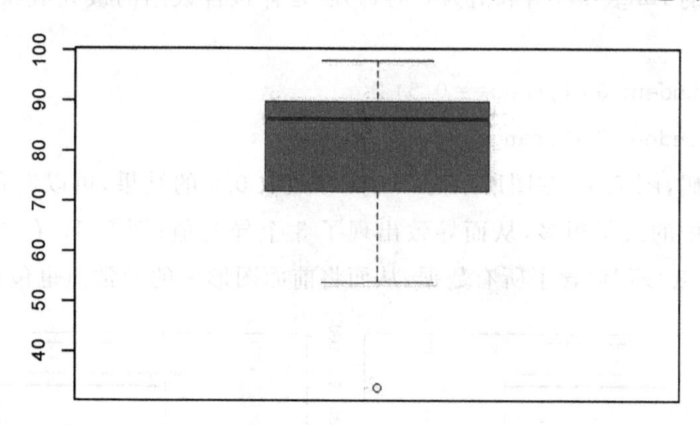

图 7.15　A1 科目成绩的箱线图(改变颜色,参见彩图 9)

图 7.14 和图 7.15 中绘制的图形坐标轴都没有标签,在 boxplot( )函数中,类似于前面的 plot( )函数,可以使用 xlab、ylab 和 main 参数来给图形加上坐标的标签和图形的标题,例如,

```
>boxplot(Student$A1,col='green',border='red'
+ xlab='A1',ylab='成绩分布',main='A1 科目成绩的箱线图')
```

上述代码给图 7.15 增加了标题以及两个坐标的标签，main 参数取值为“A1 科目的箱线图”，xlab 和 ylab 的取值分别为“A1”和“成绩分布”，其运行结果如图 7.16所示。对比发现，加入这些说明之后图形更具有可读性。

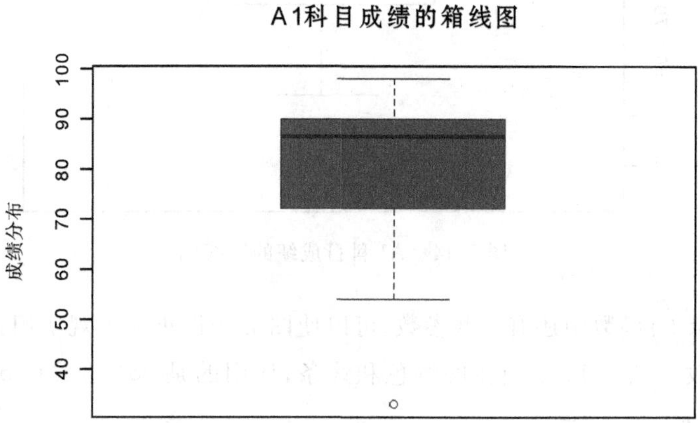

图 7.16　A1 科目成绩的箱线图（添加了坐标标签和标题）

除了上述参数外，在 boxplot( ) 函数中也经常使用 range 参数。它的作用是指示“须”的长短，其取值不能为负数；当取值为正数时，“须”延伸到两个四分位数外四分位距的 range 倍，当取值为 0 时，“须”延伸包含数据的最大值和最小值。见如下的代码：

```
>boxplot(Student$A1,range = 0.5)
>boxplot(Student$A1,range = 0)
```

根据代码，图 7.17 左图所示为 range 参数取 0.5 的结果，可以看到，“须”的长度比前面图中的短了很多，从而导致出现了 3 个异常值；图 7.17 右图所示 range 取值为 0，所以“须”包含了所有数据，从而将前面图形中的异常值也包括在内。

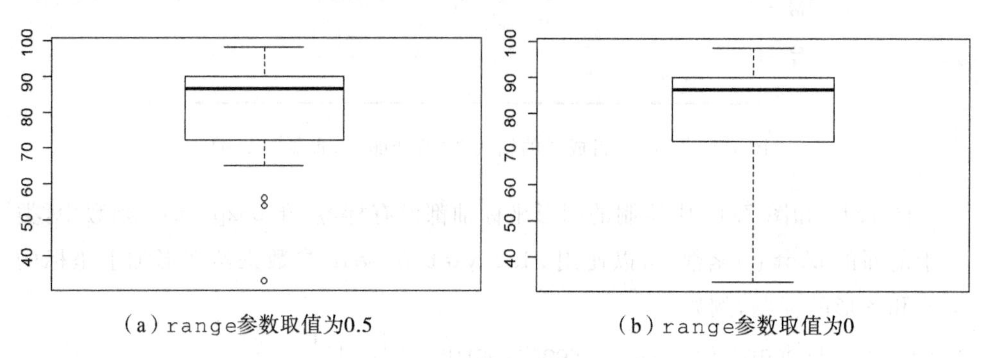

（a）range参数取值为0.5　　（b）range参数取值为0

图 7.17　A1 科目成绩的箱线图

horizontal 也是 boxplot( )函数中经常用到的一个参数，它的作用是决定将箱形图横向展示还是纵向展示，默认取值为“FALSE”，即图形纵向显示。若将 horizontal 参数改为“T”，结果如下所示：

```
> boxplot(Student $ A1,col = 'green',
+         border = 'red',horizontal = T)
```

从图 7.18 可见，由于参数 horizontal 取值为“T”，所以箱线图以横向方式显示出来。针对具体的问题，读者可以选择合适的展示方式来作出箱线图。

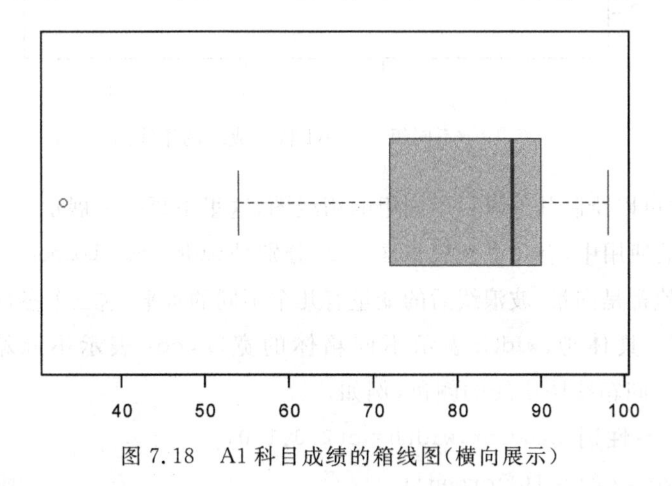

图 7.18　A1 科目成绩的箱线图(横向展示)

前面讲述的是应用 boxplot( )函数作箱线图的基本用法，这种用法可以直观地展示出某个数据的分布规律。接下来，具体介绍 boxplot( )函数的公式法。首先，看如下代码：

```
> boxplot(A1～组号,data = Student)
```

结果如图 7.19 所示，公式法中的 data 参数表示绘制箱线图使用的数据集的名称，波浪线提示使用公式，波浪线前后分别是 data 参数中数据集的两个变量。公式法的作用是根据波浪线后变量的不同水平，绘制波浪线前变量的箱线图。一般地，波浪线后的变量要求是因子型(上面代码中是“组号”)，波浪线前的变量要求是数值型。上述代码就是根据不同的组号，画出 A1 科目成绩的箱线图。因为这里 Student 数据集共有 4 组，因此，可以看到图 7.19 列出了 4 个组的箱线图，其中第三组的成绩非常集中，但是有一个异常值，第二组的成绩较为分散，也出现一个异常值。

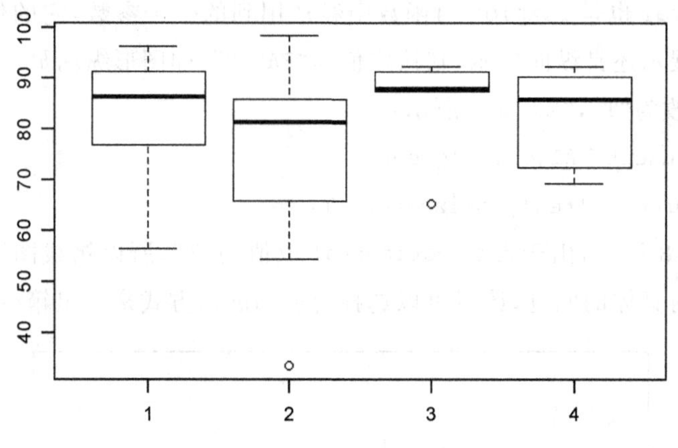

图 7.19　不同组号下 A1 科目成绩的箱线图

同样,也可以绘制其他科目不同组的箱线图,这里不再一一展示。在 boxplot( ) 函数公式法的使用中,有几个参数非常重要,分别是 width、col、border。width、col 和 border 的取值都是向量,波浪线后的变量有几个不同的水平,这三个参数的向量长度也与之对应。具体地,width 表示不同箱体的宽度,col 表示不同箱体的颜色,border表示不同箱线图中线的颜色,例如,

```
>boxplot(B1～性别,Student,width=c(2.0,1.0),
+         col=c('red','green'),
+         border=c('green','red'))
```

上述代码中,绘制了不同性别学生 B1 科目成绩的箱线图,结果如图 7.20 所示。这里 width 参数的取值是向量(2.0,1.0),因此,可以看到第一个箱体的宽度是标准宽度的 2 倍,第二个箱体的宽度是标准宽度的 1 倍(也就是标准宽度)。其中 col 参数的取值是向量(red,green),而 border 参数的取值可以看到是(green,red),所以第一个箱体是红色绿线,第二个箱体是绿色红线。

boxplot( )的公式法通常可以展示某个变量在不同水平下所考察的指标的数值分布情况,从而可以对这个变量在相应情况下所考察指标的不同结果有一个直观的比较,是一种非常有用的作图方式,在解决实际问题中具有重要意义。

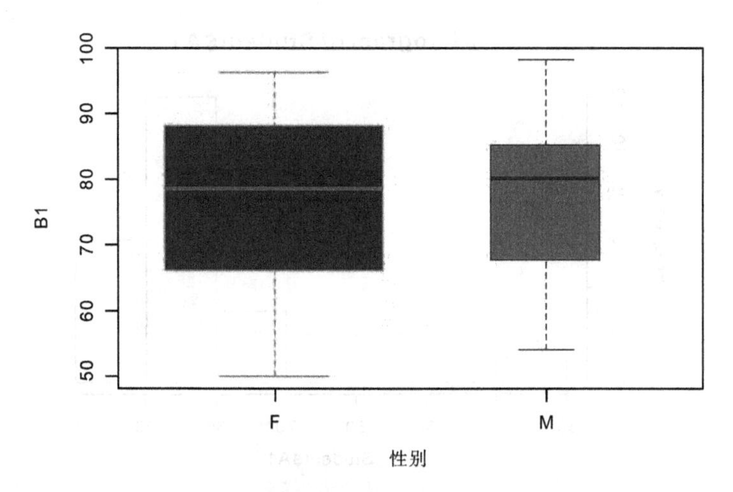

图 7.20　不同性别 B1 科目成绩的箱线图(参见彩图 10)

7.4　直方图

7.3 节所讲的箱线图可以对所考察数据的分布规律进行直观地展示，其主要作用是展示这些数据的几个四分位数值。如果需要了解数据更加具体的分布情况，可以采用直方图的方式。R 中绘制直方图的函数是 hist( )。这里仍然采用学生成绩的数据作为示例，绘制 A1 科目成绩的直方图，考察 A1 科目成绩的具体分布情况。

```
> hist (Student $ A1)
```

和之前的绘图函数类似，hist( )函数的使用也很简单，直接将需要绘制直方图的数据放在 hist( )函数的变量中即可，上述代码的结果如图 7.21 所示。

可以看到，直方图也是一个二维的图形，其横坐标是所考察数据的取值范围，hist( )函数会自动将取值范围划分为若干个合理的区间，纵坐标是频数(或者频率)。从图 7.21 中可以看到，A1 科目有超过 10 个人的成绩在 80～90 分，是成绩最集中的区间；有 1 个人的成绩位于 30～40 分；另外，位于 90～100 分这个区间的人数也相对较多。显然，通过应用直方图可以使 A1 科目成绩的分布情况呈现为直观的图像，这在进行数据分析时十分必要。

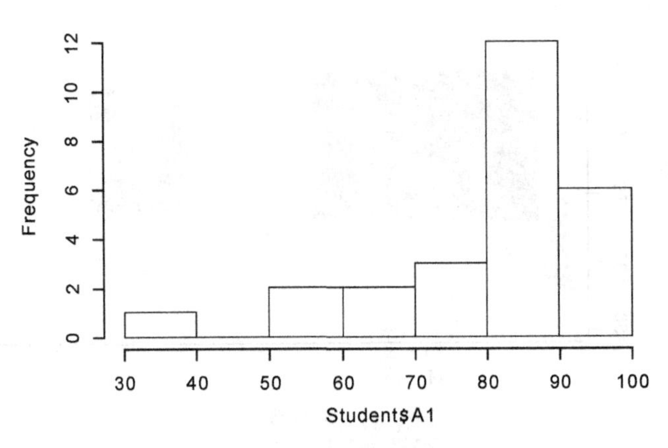

图 7.21　A1 科目成绩的直方图

此外,hist()函数对图形默认添加标题和每个坐标的标签,这里标题是“Histogram of Student $ A1”,横纵坐标的标签分别为“Student $ A1”和“Frequency”。当然,也可以使用 xlab 参数、ylab 参数和 main 参数来修改标题和坐标的标签,使其更加合适。除了 xlab、ylab 参数和 main 参数外,hist()函数还有几个常用的参数,freq、col 和 border,这里简单介绍一下它们的用法。freq 参数的作用是指明纵坐标绘制的是频率还是频数,其取值为逻辑值 TRUE(T)或者 FALSE(F),当取值为 T 时,展示的结果是频数,当取值为 F 时,展示的结果是频率,默认取值为 T。因此,可以看到,图 7.21 中纵坐标表示的是 A1 科目的成绩在不同分数区间各有多少个学生,即频数。col 和 border 参数在之前的绘图函数中已经遇到过很多次,它们在这里分别表示柱状体的颜色和边框的颜色。

另外,breaks 参数也是 hist()函数中非常重要的一个参数,其取值可以有多种形式。一般来说,其可以取自然数,表示直方图中数据分割的份数;直观来说,也就是可以画多少个“柱形”,来看如下代码:

```
>hist(Student $ A1,breaks = 15, freq = F ,
+       xlab = 'A1', ylab = '频率',main = 'A1 科目成绩分布',
+       col = 'green', border = 'red')
```

上述代码的结果如图 7.22 所示,由于此处将 breaks 参数的取值设置为 15,因此,对于成绩区间的分割要比图 7.21 更加细致(图 7.21 分割了 8 份);freq 参数取值为 F,对应地,图 7.22 中的纵坐标表示的是数据出现的频率;横坐标和纵坐标的标签这里分别取为“A1”和“频率”,图形的标题由 main 参数给出,为“A1 科目成绩分布”。根据 col 和 border 参数的取值，图 7.22 中展示的直方图外观是绿柱状红边框。

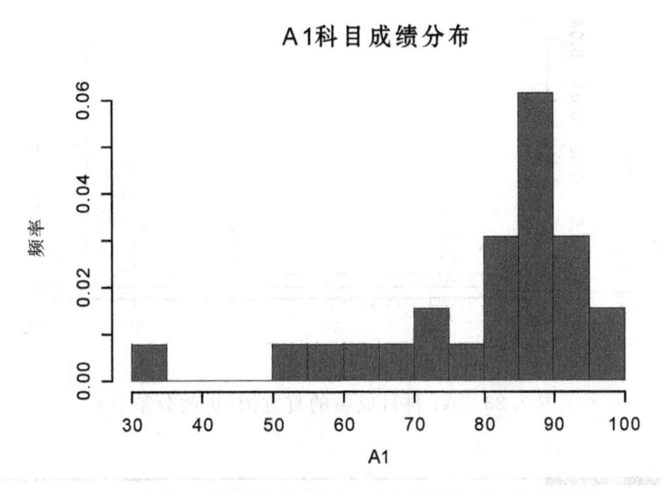

图 7.22 A1 科目成绩的直方图（更改绘图参数，参见彩图 11）

breaks 参数的取值除了自然数之外，还可以是向量，表示柱状体分割的点的坐标，而不是将整个数据区间均匀分割，这种取值方法有时是很有用的。例如，针对学生成绩，一般更关心成绩不及格的人数和取得高分的人数，因此，可以按照以下方式绘制成绩分布的直方图：

```
> hist(Student $ A1,breaks = c(0,60,80,90,100), freq = F,
+      xlab = 'A1',ylab = '频率',main = 'A1 科目成绩分布',
+      col = 'green')
```

上述代码中的 freq、xlab、ylab、main、col 等参数和前面所述参数取值方式类似，这里不再赘述。可以看到 breaks 的取值这里不再是一个自然数，而是一个向量(0,60,80,90,100)，这个向量中的数值表示的是数据绘制直方图时区间的分割点。因此，上述代码的结果如图 7.23 所示。

可以看到，图 7.23 产生的直方图不均匀，从图中可以直接看出不及格的人数比例以及优秀（如高于 90 分）的成绩比例。在实际应用中，读者可以根据自己的需要调整直方图的分割点。

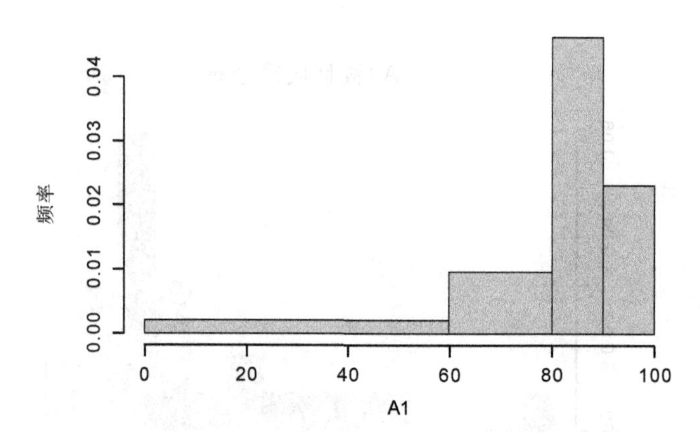

图 7.23 A1 科目成绩的直方图(更改分割点)

7.5 绘制图片到文件中

7.1 节至 7.4 节讲述了一些常用的作图函数,并且基于一些实际的数据展示了各种图形的效果。在默认的情况下,这些图片绘制在 RStudio 的 Plots 窗口中,读者可以通过点击“Export”将这些图片以 JPG、BMP 或者 PDF 等文件格式保存在电脑中。然而在很多的情况下,例如一次绘制几十幅甚至几百幅图片时,手动将这些图片保存起来将是一件非常繁琐的事情。R 中提供了可以直接将图片绘制到图形文件中的函数,接下来,将讲解这些函数的用法。

常用的图片格式一般是 JPG 或者 BMP,这里考虑如何直接将数据的可视化结果存储为一个 JPG 或者 BMP 格式的文件。先打开一个 JPG 文件,使用函数 jpeg( )(若要绘制 BMP 格式的文件,用 bmp( )函数打开 BMP 文件即可,两者用法完全一样);然后按照绘图函数的命令运行;绘制完毕之后,最后关闭这个 JPG(或 BMP)文件即可。同样使用学生成绩的数据,具体实现一遍这个过程,代码如下所示:

```
>jpeg(filename =
+         'C:\\R\\myRdata\\Graph\\A1 科目成绩和 A2 科目成绩的关系图.jpg')
>plot(Student $ A1,Student $ A2,type = 'p',
+      main = "A1 科目成绩与 A2 科目成绩的关系图",
+      xlab = 'A1',ylab = 'A2')
>curve(x^1,add = T,col = 'red',lwd = 3)
>dev.off( )
```

```
RStudioGD
        2
```

可以看到,首先,在目录 C:\\R\\myRdata\\Graph\\下使用 jpeg( )函数建立一个名为“A1 科目成绩与 A2 科目成绩的关系图”的 JPG 文件,注意,此处 jpeg( )函数的参数 filename 表示新建的文件的具体路径及文件名。然后,根据数据集 Student 中的数据,使用 plot( )函数绘制了 A1 与 A2 的关系图,并使用 curve( )函数绘制了一条直线,这个图形和前面图 7.11 的图形是完全一样的,只是在这里运行后,并不能在 Plots 窗口中看到图形。最后,使用 dev.off( )函数关闭打开的 JPG 文件。

运行这段代码后,在 RStudio 中并不显示结果,其图形将绘制在目标目录下对应的文件中。按照上面代码的内容,打开 C:\\R\\myRdata\\Graph\\目录,会看到名为“A1 科目成绩与 A2 科目成绩的关系图”的 JPG 文件,打开文件,就是上述代码绘制的图形,如图 7.24 所示。

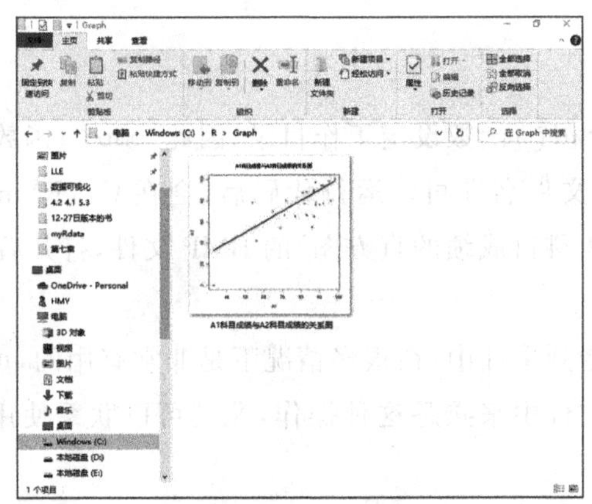

(a) 目标文件

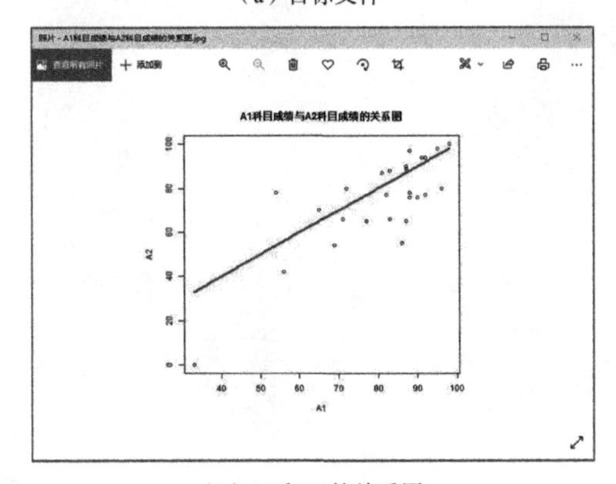

(b) A1和A2的关系图

图 7.24　“A1 科目成绩与 A2 科目成绩的关系图”的 JPG 文件(参见彩图 12)

需要说明的是，函数 jpeg( )中参数 filename 的路径在这里比较长，如果文件放在一个比较复杂的目录下，或者要在某个文件夹中绘制很多图形，每次都使用这个语句将会非常繁琐。此时，可以类似于前面的 read.table( )等函数，借助 setwd( )函数来处理这个问题：先将工作目录设置在某个目录下，然后再使用 jpeg( )，此时，只需要输入文件名即可。同样使用学生成绩的数据，将 A1 科目成绩的直方图绘制在一个 BMP 文件中，使用如下的代码：

```
> setwd('C:\\R\\myRdata\\Graph')
> bmp(filename = 'A1 科目成绩的直方图.bmp')
> hist(Student $ A1,breaks = 15,freq = F,
+      xlab = 'A1',ylab = '频率',main = 'A1 科目成绩分布',
+      col = 'green',border = 'red')
> dev.off( )
RStudioGD
        2
```

由于使用了 setwd( )函数设定工作目录，因此，bmp( )函数中 filename 的变量值很简洁，只需要写文件名即可。运行代码后，会在 C:\R\myRdata\Graph 目录下得到一个名为“A1 科目成绩的直方图”的 BMP 文件，打开后，将会看到和图7.22 完全一样的图形。

将图形直接绘制到文件中，在很多情况下是非常有用的，可以尝试将前面绘制的各种图形输出到文件中来熟悉这种操作，尤其可以联系使用前面的循环语句来实现多个图片的输出。

第 8 章 随机模拟

在统计学和其他一些数学学科的学习过程中，随机模拟是非常重要的一部分内容，甚至很多复杂的随机数学的问题，都可以通过随机模拟得到一些富有意义的结论。本章将着重解决如何在 R 中进行随机模拟的问题，从随机模拟得到服从均匀分布的随机数入手，循序渐进，为后期模拟多种分布的随机数打下坚实基础；从实际生活中的摸球游戏出发，为解决抽象的概率问题赋予实用色彩，深入浅出、通俗易懂；从数值模拟与理论经验对比的结果进行求证，对比突出、结论鲜明，时刻保持着科学严谨的求学态度……此章的学习需要用到一些概率论和数理统计的知识，读者如果没有学习过相应的课程，可以对相关内容进行了解后再来学习本章，或者跳过。

8.1 均匀分布的随机数和随机抽样

在现实中有各种各样的随机数，其中均匀分布的随机数具有举足轻重的作用。“万丈高楼平地起”，打好基本功，脚踏实地、循序渐进地发掘各种随机数之间的变换联系，是在生成随机数的过程中不可或缺的思想。在某种程度上来说，不同类型的随机数都可以通过对均匀分布的随机数进行变换来得到。在所有的均匀分布随机数中，[0, 1]均匀分布的随机数又是最重要的，在 R 中可以通过运行 runif( )函数来得到服从[0, 1]均匀分布的随机数。

```
>N<-10
>RN<-runif(N)
```

上述代码中使用 runif( )函数产生了 N 个服从[0,1]均匀分布的随机数，然后将其存在变量 RN 中，这里 N 取值为 10，因此，查看 RN 后，将得到如下结果：

```
>RN
[1]0.71160822 0.01584370 0.42209490 0.41444258
[5]0.65201984 0.49604810 0.48756705 0.98121237
```

```
[9] 0.05573135 0.62025832
```

需要注意，因为这里得到的是服从[0, 1]均匀分布的随机数，它们是随机产生的，所以读者运行代码后得到的结果可能与上面展示的结果不一致，但是这些随机数服从的分布都是[0, 1]均匀分布。

为了验证 runif()函数产生的随机数的效果，可以生成其概率密度直方图直观查看随机数的模拟效果，为了使模拟的概率密度更加准确，重新产生 100000 个随机数：

```
> N<- 100000
> RN<- runif(N)
> hist(RN,freq = F,breaks = 50)
> curve(x^0,0,1,add = T,col = 'red',lwd = 3)
```

上面的代码首先产生了 100000 个服从[0, 1]均匀分布的随机数，把这些数存储在变量 RN 中；然后用 hist()函数绘制了这些数的直方图；最后用 curve()函数就可以画出一条 $y=1$ 的直线（因为[0, 1]均匀分布的概率密度曲线是 $y=1$）。观察图 8.1，可以看到 R 产生的[0, 1]随机数的效果非常好。

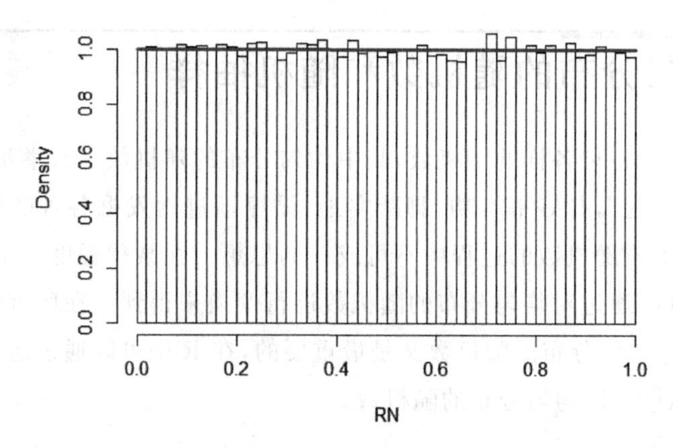

图 8.1　[0,1]均匀分布模拟的概率密度直方图及其拟合曲线

事实上，runif()函数有两个参数，min 和 max，这两个参数表示生成区间[min, max]上均匀分布的随机数，min 的默认取值是 0，max 的默认取值是 1。因此，前面的代码生成的是[0, 1]均匀分布上的随机数。当需要生成更一般化的均匀分布的随机数时，可以通过调整这两个参数来实现，例如，生成[A, B]区间上的随机数，可以使用如下代码：

```
>A<- -2
>B<-2
>N<-10
>RN<-runif(N,min=A,max=B)
>RN
[1]  1.12807872  1.46556173  0.68333840  0.68170555
[5] -0.81684279  0.02056968  1.90389052  1.46582055
[9] -1.76206059 -1.00702895
```

上述代码生成了 A=-2,B=2 时[A, B]区间上的随机数,共生成了 10 个。runif()函数中的 min 和 max 是可以省略的,即如下的代码也可行:

```
>RN<-runif(N,A,B)
>RN
[1]  0.6043700  1.3930003  -1.6339728  1.9486981
[5]  1.0154157  1.9883758  -0.9325138  -0.9969397
[9]  0.7463130  -0.9218076
```

可以看到,这次生成的随机数和上面的是不同的。正如前面所言,每次都是随机生成服从某种分布的随机数,这些数字之间当然很有可能不一样。

均匀分布的随机数是很多随机模拟的基础,后文将会详细讲述这部分知识。接下来,考虑另外一个非常重要的随机模拟问题——随机抽样。

实际生活中经常会遇到这样的概率问题:假设有一个盒子里面有若干个球,是一些红球和一些绿球,从盒子中随机抽取一些球(抽取分为有放回和无放回的情形),求抽取出来球的颜色情况。R 中 sample()函数可以实现这种随机抽样的功能,见如下代码:

```
>RN1<-rep('红球',5)
>RN2<-rep('绿球',3)
>RN<-c(RN1,RN2)
>sample(RN,30,replace=T)
[1] "红球" "红球" "绿球" "绿球" "红球" "红球" "绿球"
[8] "红球" "红球" "红球" "绿球" "红球" "红球" "红球"
[15] "绿球" "绿球" "绿球" "红球" "绿球" "红球" "红球"
[22] "红球" "红球" "绿球" "红球" "红球" "绿球" "红球"
[29] "红球" "红球"
```

上述代码首先生成一个长度是 5 的向量 RN1，向量的每个元素都是“红球”，又生成了一个长度是 3 的向量 RN2，每个元素都是“绿球”；然后用 c( )函数将这两个向量合并起来，存储在向量 RN 中，相当于 RN 是上面所说的装有球的盒子，因此，这里的“RN”盒子中有 8 个球，5 红 3 绿。接下来，考虑用 sample( )函数进行抽取，sample( )函数中的第一个参数 RN 表示抽样的总体。30 表示随机抽样数量；replace参数表示是否有放回，这里取值是 T，表示有放回抽取，如果取值是 F，表示无放回抽取，需要注意，无放回抽取的个数不能比总体的个数多。那么从这个“RN”盒子中随机抽取 30 个球的结果如上所示，这里仅仅是一次随机抽取的结果，相当于一个样本，若重新抽取一次，得到的结果一般不同。

现在来处理如下一个具体的概率问题：一个盒子中有 4 个红球 3 个绿球，任取 3 个，问全是绿球的概率是多少？基于上面的代码，可以从这个盒子中抽取样本，考虑取 3 个看是否全为绿球这件事的概率。只要抽取足够多的样本，统计出全部都是绿球的频率，根据大数定理，就可以用这个频率来近似表示概率，具体代码如下：

```
>N<-100000
>G<-vector(length=N)
>for(i in 1:N){
+   RN1<-rep('红球',4)
+   RN2<-rep('绿球',3)
+   RN<-c(RN1,RN2)
+   SAM<-sample(RN,3,replace=F)
+   if(SAM[1]=='绿球'&SAM[2]=='绿球'&
+      SAM[3]=='绿球'){
+    G[i]=1
+    }
+    else {G[i]=0}
+ }
```

N 表示抽取的样本数，这里取值为 100000，然后生成一个长度为 N 的向量 G，用来记录抽取样本的结果。使用 for( )循环实现 N 次抽样，每次抽样的结果放在变量 SAM 中，需要注意，sample( )函数中的 replace 参数取值为 F，因为这个问题显然是无放回抽取。if( )函数用来判断某次样本是否全部都是绿球，如果满足抽取的 3 个球都是绿球，则向量 G 中的这个元素取值为 1，否则为 0。显然，100000 次抽样中取得全是绿球的频率就是向量 G 的平均值，输入如下命令：

```
>mean(G)
[1] 0.02871
```

根据返回的结果可以看到，G 的平均值为 0.02871，也就是说，从装有 4 个红球 3 个绿球的盒子中随机抽取 3 个球，全是绿球的概率大约是 0.02871。

应用概率论中的方法，计算得，上述问题中全是绿球的概率是 $C_3^3/C_7^3=1/35\approx$ 0.02857。这个结果和使用 100000 个样本的模拟计算的结果误差仅仅不到 0.01，所以由模拟计算得到的结果可信度较高。

若此问题为有放回的摸球问题，即每次取一个球，记录取出球的颜色后放回，再次抽取，这样抽取 3 次，问全是绿球的概率是多少？可以使用如下代码来解决这个问题：

```
>N<-100000
>G<-vector(length=N)
>for(i in 1:N){
+    RN1<-rep('红球',4)
+    RN2<-rep('绿球',3)
+    RN<-c(RN1,RN2)
+   SAM<-sample(RN,3,replace=T)
+    G[i]<-length(SAM[SAM=='绿球'])==3
+ }
>mean(G)
[1] 0.07887
```

这里仍然选取 100000 个样本来进行计算，其主要原理与前面的代码一致，使用 G 向量来表示取出的球是否为绿球。但是，此处在使用 sample( )函数时，参数 replace 的取值为 T，这是因为这里考虑的问题是有放回的摸球模型。此外，在获取 G 向量每个元素的值时，并没有对 SAM 变量中的每个元素进行验证来确定 G 向量某个元素的取值是 1 还是 0，而是先使用 SAM=='绿球'这个语句来判断 SAM 三个元素中哪个是“绿球”，其结果是一个长度是 3 的逻辑向量。当 SAM 对应的元素是“绿球”时，逻辑向量取值为 TRUE，否则为 FALSE；然后，再使用 SAM[SAM=='绿球']来提取 SAM 中元素是“绿球”的子集。最后，用 length( )函数计算这个子集的长度，很显然，当 SAM 的三个元素全部都是“绿球”时，这个向量的长度是 3，因此，在代码中只需要判断这个向量的长度是否是 3，并将结果返回给 G 向量对应的元素，如果是 3，则 G

向量对应的元素是 TRUE,否则为 FALSE。而 R 中的 mean( )函数在使用时,会自动将 TRUE 转换为 1,FALSE 转换为 0。所以,最终 mean(G)代码返回的结果就是实现 100000 次有放回抽取后,全是绿球的频率,可以用来近似表示上述摸球问题中全是绿球的概率,可以看到这个结果是 0.07887。

应用概率论中的方法,可得上述有放回的摸球问题中全是绿球的概率是 $3^3/7^3=0.07871$,这个结果和之前根据 100000 个样本模拟的结果误差还不到 0.001,其精度是非常高的。

对于其他抽样问题,读者可以使用类似的方法来处理。下一节将详细讲述更多的 sample( )函数的应用。

8.2 均匀分布的随机数和随机抽样的深层次应用

均匀分布的随机数是生成其他类型随机数的基础,从理论上来讲,几乎所有的随机数都可以通过对均匀分布随机数变换得到。

正态分布是概率论和数理统计中最重要的一种分布,这里尝试在 R 中借助 Box - Muller 算法使用均匀分布的随机数变换得到正态分布的随机数。首先,生成两组随机数,每组由 100000 个服从[0,1]均匀分布的随机数组成;然后,使用 Box - Muller 变换,生成两组服从标准正态分布的随机数。具体代码如下所示:

```
>N<-100000
>X1<-runif(N)
>X2<-runif(N)
>Y1<-cos(2*pi*X1)*sqrt(-2.0*log(1-X2))
>Y2<-sin(2*pi*X1)*sqrt(-2.0*log(1-X2))
```

N 是生成随机数的个数,X1 和 X2 分别表示 N 个服从[0, 1]均匀分布的随机数,Y1 和 Y2 即是经过变换后生成的标准正态分布随机数。为了验证生成的随机数的效果,考虑作出这些随机数的频率分布直方图,然后和标准正态分布的概率密度曲线进行比较,代码如下:

```
>hist(Y1,col='green',xlim=c(min(Y1),max(Y1)),
+    freq=F,breaks=50)
>curve(exp(-x^2/2)/sqrt(2*pi),from=min(Y1),to=max(Y1),
+      add=T,col='red',lwd=3)
```

这里对 Y1 使用 hist( )函数生成了其频率分布的直方图,如图 8.2 中绿色部分所示；并且，此处使用 curve( )函数生成了一条红色的标准正态概率密度曲线，见图 8.2。可以看到，生成的随机数具有良好的概率统计性质。这里仅仅给出了 Y1 的效果图，读者可以按照上面的方法，自行画出 Y2 的效果图，查看模拟的效果。

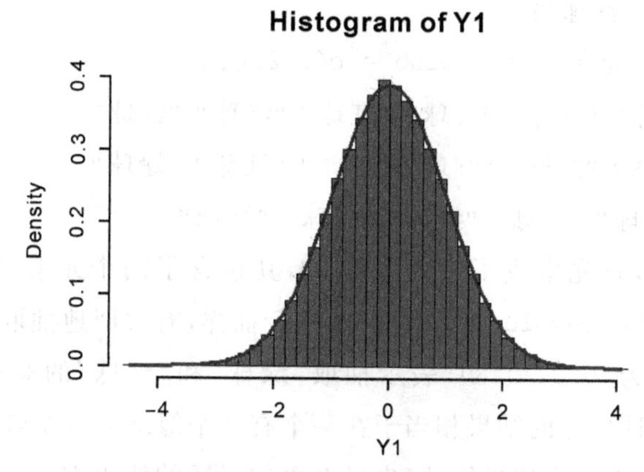

图 8.2　Box-Muller 算法生成正态分布随机数的频率直方图及其与标准正态分布概率密度曲线的拟合(参见彩图 13)

[0, 1]均匀分布随机数还可以用来生成若干离散的随机数。例如，当需要生成离散型的 0-1 随机数时，可以采用如下算法：

```
>N<-20
>X1<-runif(N)
>Y1<-X1>0.5
>RN01<-as.numeric(Y1)
>RN01
[1] 0 1 0 1 0 0 0 1 0 0 0 1 1 0 0 1 1 1 1 1
```

上述代码中 N 表示随机数的个数，这里取值为 20。首先，生成 20 个服从[0,1]均匀分布的随机数 X1。然后，根据 X1 生成了一个与它长度相同的逻辑向量 Y1，当 X1 的元素值大于 0.5 时，相应的 Y1 位置取值为 TRUE，否则取值为 FALSE。因为这里 X1 是均匀分布的，所以最终得到的 Y1 中 TRUE 和 FALSE 的比例是一样的，当然，也可以改变 0.5 设定为其他的数，得到 TRUE 和 FALSE 不同比例的逻辑向量。最后，通过 as.numeric( )函数，将 Y1 转换为数值型，从而得到了 20 个 0-1 随机数 RN01，结果如上代码所示。当然，基于这样的思想，读者还可以根据均匀分布的随机数生成其他离散随机数，甚至是多于两个取值的离散随机数。

前面讲述的随机抽样函数 sample( )对于其作用的向量(前面代码中的 RN 向量)中的元素进行抽样都是等可能的，因此，在针对摸球问题进行抽样时首先要生成有规定个数的不同颜色球的盒子(向量)。实际上,sample( )函数可以实现按照给定概率来抽取作用向量中的元素,prob 参数就可以实现这样的功能。来看如下的代码:

```
>RN<-c('绿球','红球')
>sample(RN,20,replace = T,prob = c(0.2,0.8))
[1] "绿球" "绿球" "红球" "红球" "红球" "红球" "红球"
[8] "红球" "红球" "红球" "红球" "红球" "红球" "绿球"
[15] "红球" "绿球" "红球" "红球" "绿球" "红球"
```

上述代码中,首先生成了一个向量 RN,其包含了两个元素,分别是“绿球”和“红球”。然后,使用 sample( )函数对 RN 进行抽样,有放回地抽取 20 个样本,prob 参数的取值区间为(0.2, 0.8),表示抽取“绿球”和“红球”的概率分别为 0.2 和 0.8。事实上,这种抽样的结果相当于在一个有 2 个绿球和 8 个红球的盒子里等可能地抽样,但是前面的表述更简洁,也具有更加灵活的使用方式。需要说明的一点是,prob 参数的取值仅仅表示取到相应元素的概率,在 R 中并不要求这些概率合起来是 1,因此,如下的抽取方式也可行。

```
>sample(RN,20,replace = T,prob = c(0.4,0.8))
[1] "绿球" "红球" "红球" "红球" "红球" "红球" "绿球"
[8] "绿球" "绿球" "红球" "绿球" "绿球" "红球" "绿球"
[15] "绿球" "绿球" "红球" "绿球" "红球" "绿球"
```

可以看到,这里 prob 的取值一个是 0.4,一个是 0.8,但是代码完全可以运行。在此处 0.4 和 0.8 仅仅表示取到绿球和红球的概率。

利用 sample( )函数的这种用法,读者可以重新处理前面的摸球问题:一个盒子中有 4 个红球 3 个绿球,有放回地抽取 3 个球,问全是绿球的概率是多少?此时,可以不必再生成一个具有 4 个红球和 3 个绿球的“盒子”,这里的“盒子”中只需要两个球——一个红球和一个绿球即可,分析如下的代码:

```
>N<-100000
>G<-vector(length = N)
>for(i in 1:N){
+    RN<-c('红球','绿球')
+    SAM<-sample(RN,3,replace = T,prob = c(4/7,3/7))
+    G[i]<-length(SAM[SAM == '绿球']) == 3
+ }
```

```
>mean(G)
[1] 0.07892
```

可以看到,这个代码比前面的代码简洁了很多,而且具有灵活的可编辑特性,如要计算的盒子中球的数目发生变化,基于这个代码可以很容易实现转换。上述代码的结果和前面的结果相差不多,这里结果是 0.07892。

基于 sample()函数的这个特点,可以考虑对一些离散型随机变量进行模拟,思考如下的问题:假设有一个随机变量,它的可能取值是 1、2、3 和 4,取这 4 个数的概率分别为 0.2、0.3、0.1 和 0.4。读者可以使用如下的代码来实现对于这一随机变量的模拟:

```
>RN4<-sample(c(1,2,3,4),50,replace=T,
+              prob=c(0.2,0.3,0.1,0.4))
>RN4
[1] 4 4 1 4 4 2 4 1 4 4 4 4 3 2 4 1 1 4 2 2 1 2 4 2 3 4
[27] 1 2 4 4 2 1 1 2 1 2 4 4 3 1 2 1 2 2 2 2 3 1 4 4
```

上述代码通过对向量(1, 2, 3, 4)进行概率依次为 0.2、0.3、0.1、0.4 的有放回抽样,得到 50 个满足条件的样本,而这 50 个样本就是满足题目要求的离散型随机变量,具体数值如上结果所示。当然,它们只是样本,使用同样的代码再次模拟时,得到的结果一般不同。

在概率论中,对于离散型随机变量还经常需要计算随机变量的数字特征,例如,期望、方差等。在本节,基于大数定律,读者可以用样本的均值来近似表示总体的期望。具体地,可以通过如下代码获得这个随机变量的期望值:

```
>RN4<-sample(c(1,2,3,4),100000,replace=T,
+              prob=c(0.2,0.3,0.1,0.4))
>mean(RN4)
[1] 2.70822
```

这里的抽样次数为 100000,因为要用大数定律,以样本均值代替总体期望,所以样本值应该越大越好,否则结果可能会有比较大的误差。因此,此处把上一段代码的样本值 50 改为 100000,得到的结果是 2.70822。按照离散型随机变量数学期望的定义,可以算出这个随机变量的期望是 2.7,显然,上述使用了 100000 组样本模拟的结果已经相当准确。如果想得到更加准确的模拟结果,适当增加样本量即可,并且此操作在 R 中运行起来速度较快。

对于大部分离散型随机变量,读者都可以使用上述方式来进行模拟,从而得到一些有意义的结论。

除了离散型随机变量，对于连续型随机变量而言，也可以使用 sample( )函数得到一些近似的模拟结果。使用 sample( )函数生成连续型随机变量时，需要将连续的取值离散化，比如，一个连续型随机变量的取值范围在(−1, 1)之间，在使用 sample( )函数进行模拟时，需要先将(−1, 1)之间的数值离散化为若干个离散的取值，再对于每个取值根据概率密度函数来赋予相应取值的概率，从而就会得到满足某个连续型随机变量概率分布的随机数。接下来，可以使用 sample( )函数来生成正态随机数，看看这个过程是如何执行的。正态随机变量的取值是整个实数域，但是其绝大部分取值介于正负三倍的标准差之间，因此，使用 sample( )函数抽样的向量只要存在于一个长度比较合适的区间即可，比如(−50, 50)之间。然后，将这个区间离散化，可以每隔 0.01 的长度取一个值，将这些离散的值放在一个向量中，并且根据概率密度的表达式，给向量的每一个元素值赋予一个取值的概率。最后使用 sample( )函数对这个向量进行抽样，如下代码所示：

```
>N<-100000
>Len<-50
>dLen<-0.01
>X1<-seq(-1*Len,Len,dLen)
>X1p<-exp(-X1^2/2)/sqrt(2*pi)
>Y1<-sample(X1,N,replace=T,prob=X1p)
>Y1
[1] -1.48  1.05  0.57 -2.33 -1.19 -0.80 -0.41
[8]  2.44  1.22  0.19  1.01 -1.15  0.86 -0.68
[15] -1.21  1.24 -1.61 -0.20  0.37 -1.18  1.48
[22] -0.02  0.19  1.61  2.08  0.46  0.26  0.73
[29]  0.33  1.47 -0.11  0.48  0.21  0.27  1.30
[36]  0.41  1.74 -0.20 -0.76 -1.15  1.76  0.85
[43] -0.54  0.87 -0.52  0.60 -0.09  0.07  1.02
[50]  2.02  2.31  0.60 -0.80  0.78  0.87 -1.37
[57] -2.74  1.19  0.42  0.05 -0.63  0.21  0.39
[64] -0.66 -0.86 -1.42 -0.10 -0.09 -0.56  1.05
……
```

篇幅限制，仅展示部分数据。

上述代码中，N 表示生成随机数的个数，这里是 100000；Len 表示生成的正态随机数的最大取值，因为标准正态随机变量的标准差是 1，所以这里取 Len 为 50，已经足够将绝大部分的正态随机数包括在内，换句话说，标准正态随机变量在(－Len，Len)之外取值的概率微乎其微；dLen 表示将(－Len，Len)分割时每段区间的长度，这里取值为 0.01，相当于将整个区间划分为 10000 份；然后，生成了一个向量 X1，它在区间(－Len，Len)内取值，间隔为 dLen＝0.01；X1 每个元素取值的概率由向量 X1p 给出，它的元素是标准正态随机变量的概率密度函数在 X1 的每个元素处的取值。最后，使用 sample( )来对 X1 进行抽样，即可得到需要的随机数，这里将这些随机数存储在变量 Y1 中。由于这里生成了 100000 个随机数，无法全部展示，此处仅展示其中的一小部分。

然而，如何确定这样生成的随机数是否准确呢？读者可以生成 Y1 的直方图，将其和标准正态分布的概率密度曲线进行对比，来看如下的代码：

```
>hist(Y1,freq = F,breaks = 100)
>curve(exp(-x^2/2)/sqrt(2 * pi),from = min(Y1),to = max(Y1),
+       add = T,col = 'red',lwd = 3)
```

这里绘制出 Y1 的频率直方图，如图 8.3 所示，并使用 curve( )函数得到标准正态分布的概率密度曲线。图 8.3 中加入红色的线条是为了让曲线看起来更加突出，此处设定 col 的参数为'red'，以及 lwd＝3，也就是 3 倍标准尺寸的红色线条，具体知识点可回顾本书第 7 章。可以看到，上述生成的 Y1 的直方图和标准正态分布概率密度曲线的拟合效果非常好，说明了生成的随机数的有效性。

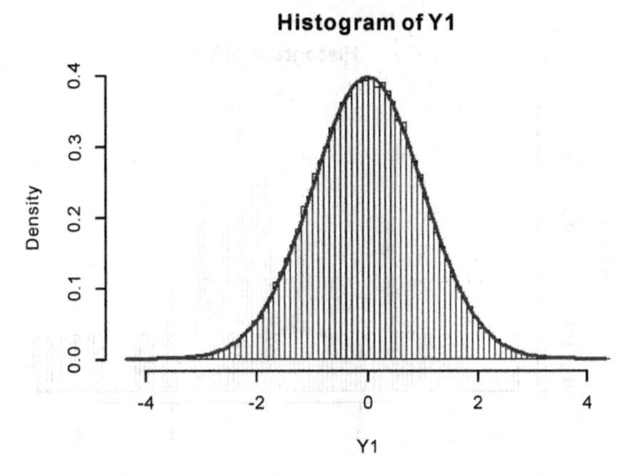

图 8.3　sample( )函数生成的标准正态随机数的频率直方图及其与标准正态分布概率密度曲线的拟合(参见彩图 14)

这里需要说明几点：第一，这里生成的标准正态随机数理论上可取值的区间是整个实数域，但是这在使用 sample( )函数进行抽样时很难实现，所以此处选取了有限的区间，即(－Len, Len)＝(－50, 50)，只要这个区间选取合适，生成的随机数的结果完全可以满足要求。

第二，在对区间进行离散化的时候，并非分割的区间越小结果就越好，例如，如下的代码：

```
>N<-100
>Len<-50
>dLen<-0.001
>X1<-seq(-1*Len,Len,dLen)
>X1p<-exp(-X1^2/2)/sqrt(2*pi)
>Y1<-sample(X1,N,replace=T,prob=X1p)
>hist(Y1,freq=F,breaks=100)
```

这个代码和前面生成标准正态随机数的代码几乎一样，只是这里仅生成了 100 个正态随机数，dLen 的取值为 0.001，相当于对连续区间的离散化更加细致，此代码得到的结果如图 8.4 所示。可以看到，这个结果不尽如人意。一般而言，离散化的程度需要和样本数成比例，如果样本过少，离散的程度不能太细致，当然，样本越多一般来说得到的效果肯定会越好。

第三，根据这里的模拟方法，从理论上讲，只要确定概率密度函数几乎可以模拟任何分布的随机数，读者可自行练习，比如可以尝试生成服从指数分布的随机数。

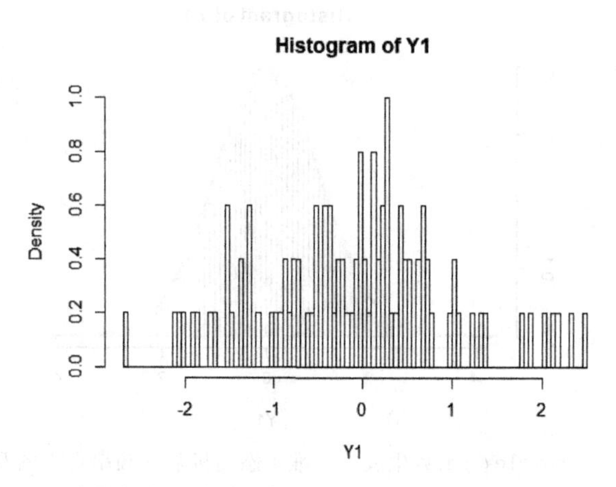

图 8.4　sample( )生成的标准正态随机数的频率直方图(N＝100 个样本，dLen＝0.001)

8.3　使用内部函数产生常用的随机数

前面小节讲述了使用均匀分布随机数和 sample( )抽样函数进行随机模拟的方法,可以解决很多实际的问题。然而,事实上,R 提供了很多现成的函数来对常见的随机变量进行模拟,这一节将重点介绍这方面的内容。

8.3.1　连续型随机数的模拟

正态分布的随机数是最常用的一种随机数,例如在描述产品质量、考试成绩、收入分布、经济发展等各个方面都有重要应用。在前面的讲述中,既可以基于均匀分布随机数,使用 Box - Muller 算法生成正态随机数,也可以使用 sample( )函数生成正态随机数。而在 R 中,有一个内部函数直接可以产生服从正态分布的随机数,这个函数就是 rnorm( ),来看如下的用法:

```
> N<-100000
> Y1<-rnorm(N,mean = 0,sd = 1)
> Y1
 [1]   0.7785949361   0.7205636764   0.0787340083  -1.2764142849
 [5]   1.6590872151   1.1417315933  -0.1166564582  -1.6648071985
 [9]   1.3922406243   1.2023779239   0.9263553186  -0.4084089749
[13]   1.5397566001   0.8049388298  -0.8834762644   0.4028664378
[17]   0.5183197380   0.7399342131   0.6523892451  -0.1474201480
[21]   0.3579153891  -0.5855565716  -1.7386757324   0.4882755411
[25]  -0.7216953542   2.2544811916   1.5201001570  -0.3634448155
[29]   0.8909225761  -1.4364136408   2.4959926466  -0.9509064084
[33]   0.5303261205  -1.1028546183   1.0426483581   1.2436285073
[37]   0.4896035726  -0.7466563907  -1.3252908794  -1.3214311017
[41]   0.1090588088   0.2586248148  -0.5611537657   0.4976914147
[45]   1.8152790630   1.7961632622  -0.4663375276  -0.1615360367
[49]   1.2085569010   0.9018251706  -0.7374303039   0.5578732404
[53]  -1.1897715784  -0.2549225007  -0.3408488858  -0.5712886610
[57]  -0.0574524085  -1.4265923799  -0.1131991764   0.9020726753
[61]  -0.1382874094  -0.9464794775   0.6964442005  -1.0996870313
```

……

篇幅限制，仅展示部分数据。

N 表示随机数的个数，这里的取值和前面一样，仍然是 100000，然后此处使用 rnorm( )函数来生成随机数，参数 N 是生成正态随机数的个数，mean 参数和 sd 参数分别表示正态分布的均值和标准差，这里取值为 mean＝0，sd＝1。实际上，这两个参数的默认取值分别是 0 和 1，因此，上述代码中不写出 mean 和 sd 也可以。之后，将产生的随机数放在变量 Y1 中再将 Y1 输出，就可以得到这些随机数的取值，由于 100000 个数值太多，上述代码仅展示了部分数据。为验证 Y1 是否为均值为 0、标准差为 1 的正态随机数，类似于前面的做法，可以作出这些数据的直方图，然后和正态分布概率密度曲线进行比较，如下所示：

```
> hist(Y1,col = 'green', xlim = c(min(Y1),max(Y1)),
+       freq = F,breaks = 50)
> curve(exp(-x^2/2)/sqrt(2 * pi),add = T,col = 'red',lwd = 3)
```

hist( )函数和 curve( )函数已经使用过很多次，故这里不再赘述其使用方法和参数的取值。代码运行后，可以看到如图 8.5 所示的结果，显然，其与标准正态分布概率密度曲线具有非常好的拟合效果。对于 rnorm( )函数，还可以通过改变 mean 和 sd 参数的取值，得到符合其他正态分布的随机数。例如，如果想产生均值是 80、方差是 20 的正态随机数，可以使用下面的代码：

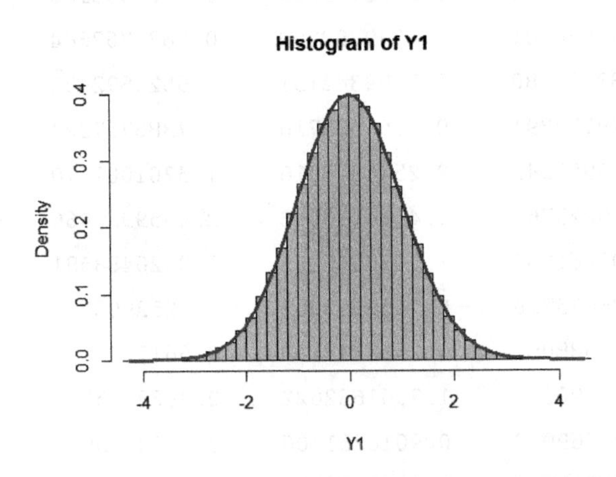

图 8.5　rnorm( )生成的标准正态随机数的直方图及其与正态分布概率密度曲线的拟合

```
> N <- 100000
> Y1 <- rnorm(N,mean = 80,sd = sqrt(20))
```

```
>hist(Y1,col = 'green', xlim = c(min(Y1),max(Y1)),
+        freq = F,breaks = 50)
>curve(exp(-(x-80)^2/(2*20))/(sqrt(20)*sqrt(2*pi)),
+        add = T,col = 'red',lwd = 3)
```

这里的样本数仍然是 100000，使用 rnorm( )函数时，根据上文设定，mean 参数的取值为 80，sd 的取值为 20 的平方根。生成的随机数同样使用 hist( )函数画出其直方图，然后与均值为 80、方差为 20 的正态分布概率密度曲线进行拟合(注意 curve( )函数中相应正态分布概率密度表达式的选取)，得到如图 8.6 的结果，可以看到结果是非常好的。

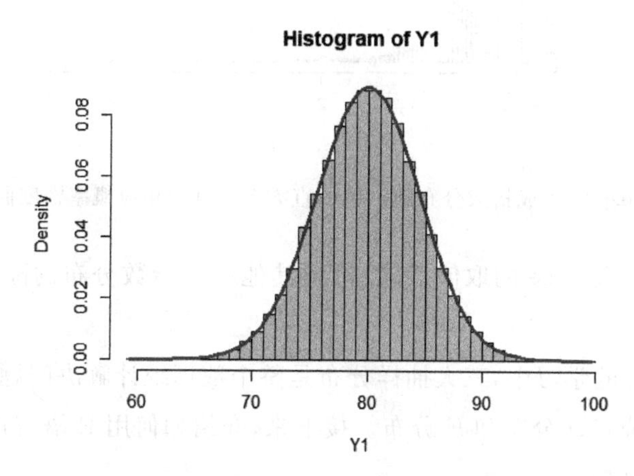

图 8.6 rnorm( )生成均值为 80、方差为 20 的正态随机数的直方图及其与相应的正态分布概率密度曲线的拟合

除了正态分布，指数分布在概率论的学习中也是非常重要的一种分布。在 R 中，可以使用 rexp( )函数来生成服从指数分布的随机数，如下所示：

```
>N<-100000
>Lambda<-3
>Y1<-rexp(N,rate = Lambda)
>hist(Y1,col = 'green',xlim = c(min(Y1),max(Y1)),
+       breaks = 100,freq = F)
>curve(Lambda*exp(-1*Lambda*x),add = T,col = 'red',lwd = 3)
```

N 继续取值为 100000，变量 Lambda 表示指数分布的参数 λ，模拟中取值为 3。然后，使用 rexp( )函数生成随机数，其第一个参数表示生成随机数的个数，这里取值是 N，即 100000，第二个参数 rate 表示指数分布的参数 λ，这里取值为 Lambda，即 3。

需要注意,在使用 rexp( )函数中,rate 的默认值为 1。变量 Y1 存储了生成的 100000 个指数分布随机数。与前面的方法类似,现作出 Y1 的直方图和指数分布概率密度的对比图,来检验生成的随机数是否合理,结果如图 8.7 所示。

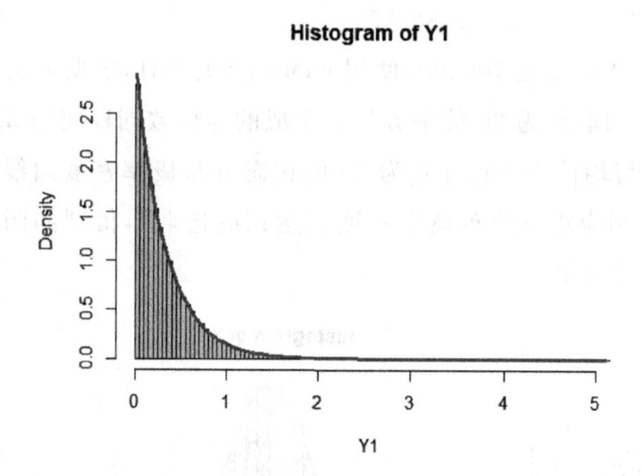

图 8.7　rexp( )生成指数分布随机数的直方图及其与相应概率密度曲线的拟合

通过改变参数 rate 的取值,可以得到其他一些指数分布的随机数,这里不再赘述。

在数理统计的学习中,三大抽样分布是整个数理统计解决问题的基础,这三个分布分别是χ^2分布、t 分布和 F 分布。接下来,介绍如何用 R 语言产生服从这三大抽样分布的随机数。

对于χ^2分布,可以使用 rchisq( )函数来生成服从χ^2分布的随机数,其用法如下所示:

```
>N<-100000
>Y1<-rchisq(N,df = 4)
>hist(Y1,breaks = 100,col = 'green',freq = F)
```

函数 rchisq( )的第一个参数是生成的随机数的个数,这里为 N,取值是 100000;第二个参数 df 表示χ^2分布的自由度,此处选取自由度是 4。然后,将生成的随机数存储在 Y1 中,并且用 hist( )函数绘制了 Y1 的直方图。

χ^2分布的值是相互独立的正态随机变量的平方和,从而相互独立的正态变量数目就是χ^2分布的自由度。因此,接下来可以通过产生正态随机变量,并对其进行平方和运算,得到χ^2分布的随机数,来看看两者产生的随机数的异同。

```
>N<-100000
```

```
>X1<-rnorm(N)
>X2<-rnorm(N)
>X3<-rnorm(N)
>X4<-rnorm(N)
>Y2<-X1^2+X2^2+X3^2+X4^2
>hist(Y2,breaks=100,col ='red',freq=F)
```

同样选取 N=100000,然后产生 4 组、每组包含 100000 个服从标准正态分布的随机数,分别存储在 X1、X2、X3 和 X4 中,再对它们进行平方和运算,将其结果存储在 Y2 中,根据定义,Y2 就是服从自由度是 4 的χ^2分布的 100000 个样本。随后使用 hist( )函数作出直方图,将其和前面使用 rchisq( )产生的随机数的结果进行对比,如图 8.8 所示。

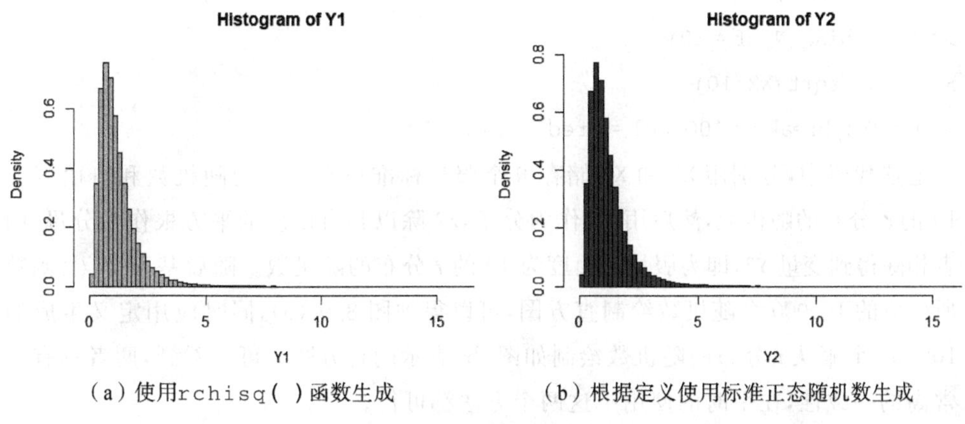

(a) 使用rchisq( )函数生成　　(b) 根据定义使用标准正态随机数生成

图 8.8　自由度为 4 的χ^2分布随机数的直方图

在图 8.8 中,基于 rchisq( )函数生成的自由度为 4 的χ^2分布随机数可以得到如图 8.8(a)所示的直方图,图(b)展示的是由 4 个相互独立的标准正态分布的随机数计算平方和之后生成的χ^2分布(自由度为 4)随机数的直方图。可以看到,这两者的统计特性几乎一样。当然,两个图形会有细微的差别,这是因为毕竟是通过有限的样本生成的直方图,样本的变化一定会导致结果的变化。当χ^2分布的自由度较小时,用这两个方法都可以生成需要的随机数,但是当自由度较大时,很显然如果再使用正态变量的线性组合,运算将会较复杂,也会导致程序效率降低,因此,此时还是建议使用 rchisq( )函数。

t 分布是另一种常用的统计分布,它与正态分布具有相似的特征。当自由度较小时，t 分布和标准正态分布有较大的差别，但是当自由度较大时，两者几乎一致。在 R 中，可以使用 rt( ) 函数来生成服从 t 分布的随机数，如下代码所示：

```
>N<-100000
>Y1<-rt(N,df = 10)
>hist(Y1,breaks = 100,col = 'green',freq = F)
```

rt( ) 函数的第一个参数表示生成随机数的个数，第二个参数 df 表示 t 分布的自由度。此处的模拟取自由度为 10，然后将这些随机数存储在变量 Y1 中，并绘制它的直方图。同样，根据 t 分布的定义，它是由相互独立的标准正态分布和 χ^2 分布除以其自由度的平方根形成的，因此，可作出基于此定义的 t 分布随机数，并绘制其直方图，来比较这两种方法生成随机数的差异。

```
>N<-100000
>X1<-rnorm(N)
>X2<-rchisq(N,df = 10)
>Y2<-X1/sqrt(X2/10)
>hist(Y2,breaks = 100,col = 'red',freq = F )
```

上述代码中，分别用 X1 和 X2 储存 N 个服从标准正态分布的随机数和自由度为 10 的 χ^2 分布的随机数，然后用 X1 作为分子，X2 除以其自由度的平方根作为分母，两者相除得到变量 Y2，即为服从自由度为 10 的 t 分布的随机数。随后基于 rt( ) 函数所生成的 100000 个随机数绘制直方图，可以得到图 8.9 (a)，同时应用定义生成的 100000 个服从 t 分布的随机数绘制如图(b)表示的直方图。可以看到，两者具有非常高的一致性，在平时的使用中这两个方法都可行。

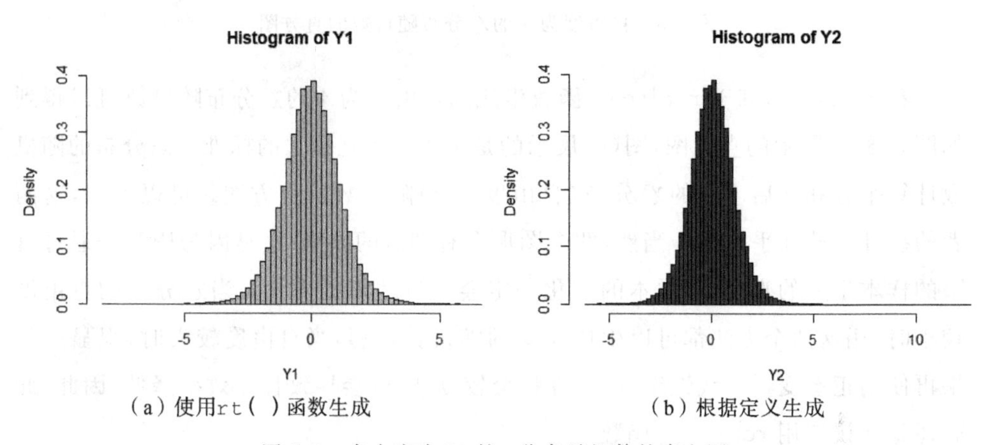

(a) 使用rt( ) 函数生成　　(b) 根据定义生成

图 8.9　自由度为 10 的 t 分布随机数的直方图

除了χ^2分布和 t 分布外，F 分布也是一种常用的统计抽样分布，接下来介绍在 R 中如何生成 F 分布的随机数。根据数理统计的知识，可知 F 分布是由相互独立的χ^2分布随机变量分别除以其自由度，之后两者再相除生成的结果。因此，可以使用前面生成χ^2分布随机数的方法，经过代数变换来实现对于 F 分布的模拟。此外，在 R 中可以直接使用 rf( )这个函数实现对于 F 分布随机数的模拟，来看如下代码：

```
>N<-100000
>N1<-10
>N2<-12
>Y1<-rf(N,df1 = N1,df2 = N2)
>X1<-rchisq(N,df = N1)
>X2<-rchisq(N,df = N2)
>Y2<-(X1/N1)/(X2/N2)
```

和前面的代码一致，这里 N=100000 表示生成随机数的数量，N1 和 N2 分别表示 F 分布的第一和第二自由度。rf( )函数中，第一个参数 N 表示生成随机数的个数，第二个参数 df1 和第三个参数 df2 分别表示 F 分布的第一和第二自由度。因此，上面代码使用 rf( )函数生成了 100000 个第一自由度为 10，第二自由度为 12 的服从 F 分布的随机数，并将其结果存储在变量 Y1 中；此外，还使用 rchisq( )函数分别生成了 100000 个自由度是 10 的服从χ^2分布的随机数和 100000 个自由度是 12 的服从χ^2分布的随机数，将其结果分别存储在 X1 和 X2 中，再对 X1 和 X2 分别除以其自由度 N1 和 N2，然后对所得结果再相除，最终将结果放在变量 Y2 中，根据数理统计中 F 分布的定义，可知 Y2 也是自由度为(10，12)的 F 分布随机数。

为了直观验证这两种方法生成随机数的异同，可以使用 hist( )函数生成它们的直方图，如下代码所示：

```
>hist(Y1,breaks = 100,col = 'green',freq = F)
>hist(Y2,breaks = 100,col  = 'red' ,freq = F)
```

此处分别对 Y1 和 Y2 使用 hist( )函数，作出其直方图，结果如图 8.10 所示。可以看到，使用两种方法得到的结果具有很好的吻合性，都很好地展示出 F 分布的特点，在实际使用中都比较方便。

前面小节分别介绍了一些常用随机数的模拟，例如，正态分布、指数分布、χ^2分布等，这些都属于连续型随机变量的分布。在实际问题中，有时还需要产生一些离散型随机变量，接下来探究两种常用的离散型随机数的模拟。

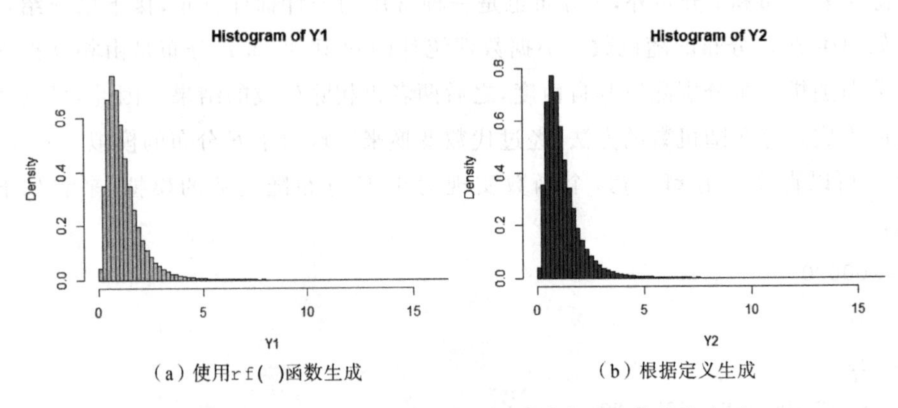

（a）使用rf( )函数生成　　（b）根据定义生成

图8.10　自由度为(10，12)的F分布随机数的直方图

8.3.2　常用离散型随机数的模拟

二项分布是一种最常见的离散型随机变量，它表示n次独立重复的伯努利试验中成功的次数。所谓伯努利试验，指的是只有两个结果的试验：成功或者失败，记成功的概率为p。在R中，可以使用rbinom( )函数生成二项分布随机数，具体用法如下所示：

```
>N<-10
>K<-100
>NP<-0.5
>Y1<-rbinom(K,size = N,prob = NP)
>Y1
  [1] 7 4 6 4 4 6 4 2 7 5 7 6 3 5 6 4 3 6 3 7 6 8 3
 [24] 5 3 8 6 5 5 5 8 4 5 5 3 5 6 6 4 7 6 6 6 3 5 3
 [47] 7 4 7 6 7 4 5 5 5 5 5 4 6 8 5 5 5 7 5 8 6 2 4
 [70] 6 7 6 6 5 6 6 5 6 3 2 4 5 3 5 2 7 5 2 4 6 3 4
 [93] 4 6 5 5 5 6 4 6
```

上述代码中，N表示伯努利试验的次数，这里取值是10；K表示抽取的样本数，取100；NP表示一次伯努利试验中成功的概率p，这里取值为0.5。rbinom( )函数一般有三个参数，第一个参数表示抽取的样本数目，第二个参数size表示伯努利试验的次数，第三个参数prob表示每一次伯努利试验成功的概率。因此，可以看到，上述代码生成了100个二项分布的随机数，其结果存储在Y1中，可以通过输入Y1来查看这些结果。

除了二项分布,泊松分布也是比较常见的一种离散型分布,其可以描述单位时间内某个随机事件的发生次数。该分布有一个参数 λ,表示单位时间内某随机事件的平均发生次数。R 中可以使用 rpois( ) 函数产生服从泊松分布的随机数,如下代码所示:

```
>K<-100
>Lambda<-5
>Y1<-rpois(K,lambda = Lambda)
>Y1
 [1]  3  7  8  5  4  6  8  5  6  6  7  4  5  5  5
[16]  4  6  2  7  6  5  5  6  6  4  3  4  2  3  8
[31] 10  7  7  5  9  5  2  5  3  2  8  4  3  6  7
[46]  3  1  2  6  3  6  6  8  5  4  4  5 10  6  7
[61]  4  5  9  4  8  5  5  6  5 11  3  7  6  3  5
[76]  4  6  3  5  6  2  4  6  9  5  3  5  6  7  9
[91]  9  7  6  3  3  2  8  3  2  5
```

同样,提取 K=100 个样本,Lambda 表示泊松分布的参数 λ。rpois( )函数一般有两个参数,第一个参数表示抽取的样本数,第二个参数 lambda 表示参数 λ。上述代码提取了 100 个参数 $\lambda=5$ 的泊松分布样本,结果如 Y1 所示。

在概率论的学习过程中可知,泊松分布通常用来描述稀有事件,也就是说,在二项分布中,如果随机事件发生的概率 p 很小,并且试验次数足够多,可以用泊松分布来近似表示二项分布。此时泊松分布计算的复杂度要比二项分布简单得多,这里用 R 语言来模拟一下这种近似关系,见如下的代码:

```
>N<-10000
>K<-100000
>NP<-0.0005
>Lambda<-N * NP
>Y1<-rbinom(K,size = N,prob = NP)
>Y2<-rpois(K,lambda = Lambda)
>hist(Y1,col = 'green',freq = F)
>hist(Y2,col = 'red',freq = F)
```

上述代码中,N 表示试验次数,NP 表示事件发生的概率,为了满足稀有事件的要求,这里对 N 和 NP 分别取值为 10000 和 0.0005,K 表示取得样本的个数,取

100000。根据概率论的知识,在用泊松分布近似表示二项分布的时候,泊松分布的参数 λ 取值为试验次数和事件发生概率的乘积,即这里的 Lambda 取值为 N 乘以 NP。然后使用 rbinom( )函数和 rpois( )函数分别生成相应的二项分布和泊松分布的随机数,分别将它们存储在 Y1 和 Y2 中。为验证这种近似的有效性,此处分别做出 Y1 和 Y2 的直方图,其图形如图 8.11 所示,可以看到,当满足稀有事件的条件时,使用泊松分布来近似二项分布的效果非常好。

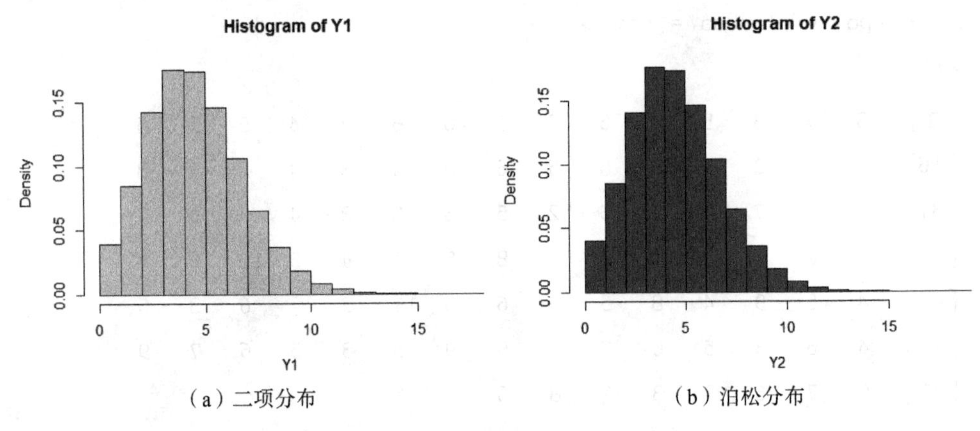

(a) 二项分布　　(b) 泊松分布

图 8.11　二项分布与泊松分布随机数直方图的对比

这一节讲述了一些常用的随机变量的模拟问题,实际上,R 的内部函数中还有很多其他随机数的模拟函数,这里不再一一介绍,详细内容可以参考 8.4 节。除了使用内部函数之外,8.2 节中的 sample( )函数从理论上来说在已知分布的概率密度后,可以近似模拟任何分布的随机数,读者可以自行练习以达到熟练掌握的目的。

8.4　随机模拟的其他问题

细心的读者可能已经发现,前面所讲的 R 中产生随机数的函数都是以 r 开头,事实上,在 R 中所有随机变量的模拟都有统一的形式,如要模拟服从某个分布随机变量的随机数时,只需要使用 r 加上相应的函数名即可。如在前面代码中,正态分布的函数名是 norm,模拟正态分布随机数的函数就是 rnorm( ),二项分布的函数名是 binom,模拟二项分布随机数的函数是 rbinom( )等。

R 中除了可以模拟服从某种分布的随机数以外,还可以非常容易地计算一些随机变量的密度函数、分位数、分布函数等,其统一的规则是:d 加上函数名返回密度函数的值;q 加上函数名返回分位数的值;p 加上函数名返回分布函数的值。

此处以正态分布为例,了解一下这几种函数形式的使用方法,正态分布的函数名为 norm，这些代码如下所示：

```
>dnorm(0)
[1] 0.3989423
>qnorm(0.05)
[1] -1.644854
>pnorm(0)
[1] 0.5
>pnorm(-1.64)
[1] 0.05050258
```

上述代码中，dnorm( )函数返回的是标准正态分布（因为参数 mean 和 sd 都省略了，所以其缺省值分别是 0 和 1，即标准正态分布）在某个值处的概率密度值。这里计算的是 dnorm(0)，即标准正态分布概率密度函数在 0 处的取值，即 $\frac{1}{\sqrt{2\pi}}$，可以看到，返回的结果正是 0.3989423。

qnorm( )返回的是标准正态分布某点处的分位数。这里以 qnorm(0.05)为例，也就是计算标准正态分布的 0.05 分位数，其结果是 −1.644854，表示如果随机变量 X 服从标准正态分布，则 $P(X<-1.644854)=0.05$ 。这里需要说明一点，R 中默认计算的分位数与一些书中的定义不同，这些书本中对于分位数采取的是上侧分位数的定义，即，若 x_α 满足 $P(X>x_\alpha)=\alpha$，则称 x_α 是随机变量 X 的上侧 α 分位数。虽然这两者定义不同，但是这两者是有联系的，使用一个很简单的函数变换就能得到两者的关系，即，若 x_α 是随机变量 X 的上侧 α 分位数，则它是随机变量 X 的 $1-\alpha$ 分位数。在 R 中使用分位数函数的时候，需要注意这一点。实际上，在函数 qnorm( )中，还有一个参数 lower.tail，可以用来设置获取的分位数值是否为上侧分位数。其取值为逻辑值，默认为 TRUE，表示返回值为分位数；若需要获取上侧分位数，可以将 lower.tail 设置为 FALSE 即可。如下代码可以计算出标准正态分布的上侧 0.05 分位数：

```
>qnorm(0.05,lower.tail = F)
[1]1.644854
```

基于上述命令可以看到，其结果是 1.644854，刚好是上面计算的 0.05 分位数的相反数，这是因为标准正态分布的概率密度函数关于纵坐标对称。根据这一特性，读者可以通过调整 lower.tail 参数的取值，得到符合自己要求的分位数。

pnorm( )计算的是标准正态分布的分布函数在某点处的取值，上述代码中 pnorm(0)返回的就是在 0 处标准正态分布的分布函数的取值。由于标准正态分布的概率密度关于纵坐标对称，所以可以看到，0 处的分布函数值是 0.5；此外，还计算了 pnorm(-1.64)，返回的结果约是 0.05。这也就表示，若 X 服从标准正态分布，则 $P(X < 1.64) \approx 0.05$，这和前面计算分位数的函数 qnorm()取得的结果保持一致。与 qnorm()函数类似，pnorm()函数也可以设置 lower.tail 参数，来表示分布函数的定义到底是 $P(X>x)$还是 $P(X<x)$，其默认取值为 TRUE，表示 $P(X<x)$，若取值改为 FALSE，则表示 $P(X>x)$。见如下代码：

```
>pnorm(1.64,lower.tail = F)
[1] 0.05050258
```

根据返回数值可以看到，如果 lower.tail = F，则 1.64 的分布函数值将是 0.05050258，这与前面的结论保持一致。

如果所要计算的不是标准正态分布，这几个函数也可以用来计算相应的函数值（当然，也可以使用概率论中的方法将正态分布标准化为标准正态分布从而实现这些功能）。比如，想要计算均值为 1、方差为 2 的正态分布在某点处的分布函数值，可以使用如下代码：

```
>pnorm(1,mean = 1,sd = 2)
[1] 0.5
```

可以看到，pnorm()函数也有两个参数：mean 和 sd，可以用来设置要计算的分布函数的均值和标准差。显然，当 mean=1，sd=2 时，正态分布在 1 处的分布函数值为 0.5。

此外，还需要强调的是，这里所讲的关于正态分布的几个函数，都有参数 mean 和 sd，这一点和前面所讲的 rnorm()函数情况一致。例如，上面代码 pnorm(1, mean = 1,sd = 2)，可以实现返回均值为 1、方差为 2 的正态分布在 1 处的分布函数值。而且，函数 pnorm()和 qnorm()还有一个很重要的参数，lower.tail，对其进行熟练运用可以大大提高处理问题的效率。

除了正态分布外，其他一些常用的统计分布的密度函数值、分位数值和分布函数值也可以通过类似的方法进行计算，这里不再一一列举，以下将这些函数名列表展示，供读者参考。

表 8.1　一些常用的统计分布及其在 R 中生成随机数、概率密度函数、分位数和分布函数的函数名

序号	统计分布的函数名	生成随机数	生成概率密度函数	生成分位数	生成分布函数
1	正态分布 norm	rnorm()	dnorm()	qnorm()	pnorm()
2	χ^2 分布 chisq	rchisq()	dchisq()	qchisq()	pchisq()
3	t 分布 t	rt()	dt()	qt()	pt()

续表

序号	统计分布的函数名	生成随机数	生成概率密度函数	生成分位数	生成分布函数
4	F 分布 f	rf( )	df( )	qf( )	pf( )
5	伽马分布 gamma	rgamma( )	dgamma( )	qgamma( )	pgamma( )
6	贝塔分布 beta	rbeta( )	dbeta( )	qbeta( )	pbeta( )
7	均匀分布 unif	runif( )	dunif( )	qunif( )	punif( )
8	指数分布 exp	rexp( )	dexp( )	qexp( )	pexp( )
9	二项分布 binom	rbinom( )	dbinom( )	qbinom( )	pbinom( )
10	泊松分布 pois	rpois( )	dpois( )	qpois( )	ppois( )

需要注意的是，在使用这些函数的时候，要提前了解函数中的参数，有些参数有默认取值，而有些必须赋值，而且不同赋值对于结果有很大影响。例如，在使用和指数分布 exp( )相关的函数时，需要设置参数 rate 的值；在使用和泊松分布 pois( )有关的函数时，需要设置参数 lambda 的值；和正态分布有关的函数，需要留意 mean 和 sd 的取值，其默认取值分别是 0 和 1；在使用和 χ^2 分布、t 分布、F 分布有关的函数时，需要明确其自由度参数 df 是什么（F 分布有两个自由度 df1 和 df2）；并且，对于所有分布的分布函数 p－和分位数函数 q－，它们都有 lower.tail 参数，这一点要格外留意，尤其是其默认值可能和有些书上所写的不太一致，因此要根据具体的要求来进行重新调整。关于这些函数详细的使用方法，可以查看其帮助文件，这里不再赘述。

借助这些函数，对于统计中的很多问题，例如参数估计、假设检验、方差分析等问题，都可以很方便地解决。再结合随机模拟的相关函数，读者就可以从数学和统计的角度对许多实际问题进行有效的分析研究。

参考文献

[1] 科顿. 学习 R[M]. 刘军，译. 北京:人民邮电出版社，2014.

[2] WICKHAM H，GROLEMUND G. R for Data Science[M]. Sebastopol：O'Reilly Media，Inc.，2016.

[3] 布劳恩，默多克. R 统计编程入门：第 2 版[M]. 齐光，原作强，译. 北京:科学出版社，2020.

[4] WALKOWIAK S. Big Data Analytics with R[M]. Birmingham：PACKT Publishing Ltd，2016.

[5] 薛薇. R 语言数据挖掘[M]. 北京:中国人民大学出版社，2018.

[6] 李舰，肖凯. 数据科学中的 R 语言[M]. 西安:西安交通大学出版社，2015.

[7] 马塔洛夫. R 语言编程艺术[M]. 陈堰平，邱怡轩，潘岚锋，等译. 北京:机械工业出版社，2013.

[8] 薛毅，陈立萍. R 语言实用教程[M]. 北京:清华大学出版社，2014.

[9] 达尔加德. R 语言统计入门：第 2 版[M]. 郝智恒，何通，邓一硕，等译. 北京:人民邮电出版社，2014.

[10] 祖尔，耶诺，密斯特. R 语言初学者指南[M]. 周丙常，王亮，译. 西安:西安交通大学出版社，2011.

[11] 格罗勒芒德. R 语言入门与实践[M]. 冯凌秉，译. 北京:人民邮电出版社，2016.

[12] 丹尼斯. R 语言初学指南[M]. 高敬雅，刘波，译. 北京:人民邮电出版社，2016.

[13] 段宇锋，李伟伟，熊泽泉. R 语言与数据可视化[M]. 上海:华东师范大学出版社，2017.

[14] 贾俊平. 数据可视化分析——基于 R 语言[M]. 北京:中国人民大学出版社，2019.

[15] 卡巴科弗. R 语言实战[M]. 高涛,肖楠,陈钢,译. 北京:人民邮电出版社,2013.
[16] 德弗里斯,梅斯. R 语言轻松入门与提高[M]. 麦秆创智,译. 北京:人民邮电出版社,2015.
[17] 丘祐玮. 数据科学:R 语言实现[M]. 魏博,译. 北京:机械工业出版社,2017.

代码索引

彩色插图

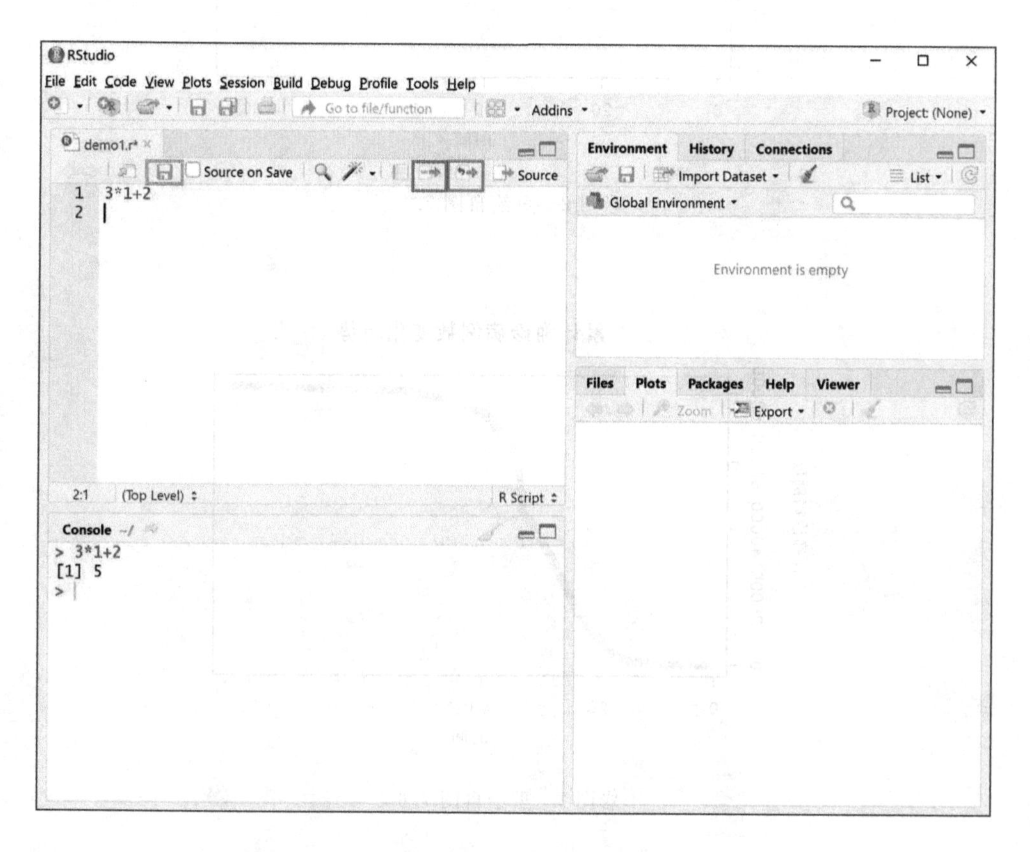

彩图 1　重绘自图 1.6

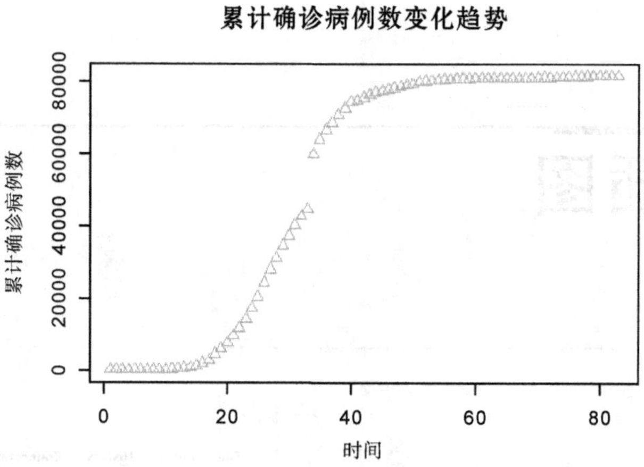

累计确诊病例数变化趋势

累计确诊病例数

0 20000 40000 60000 80000

0 20 40 60 80

时间

彩图 2　重绘自图 7.4

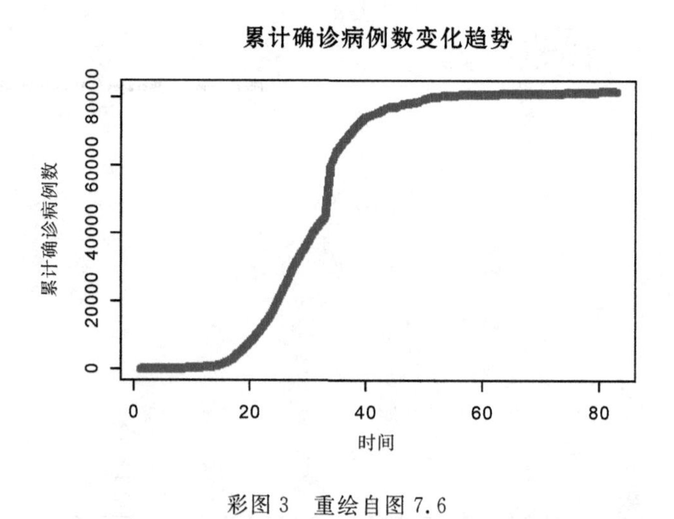

彩图 3　重绘自图 7.6

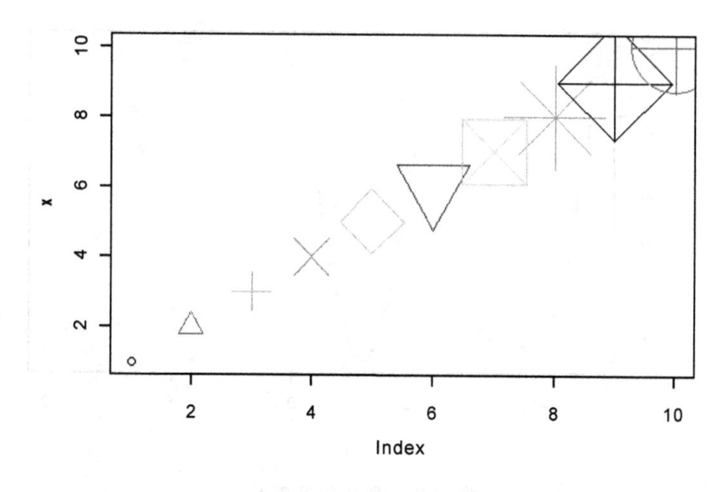

彩图 4　重绘自图 7.7

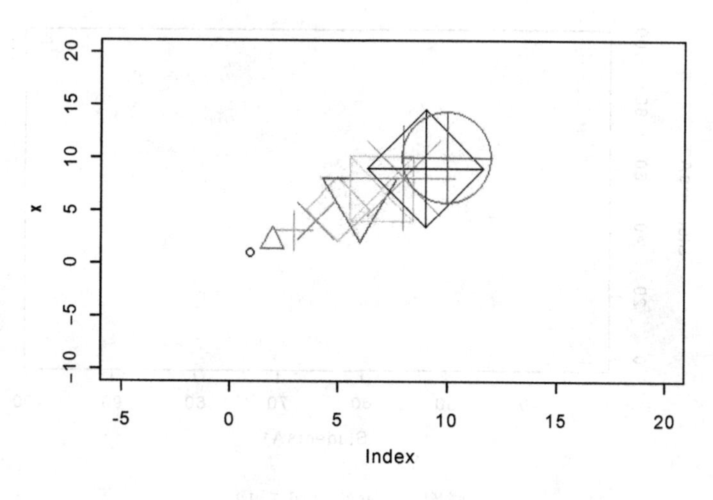

彩图 5　重绘自图 7.8

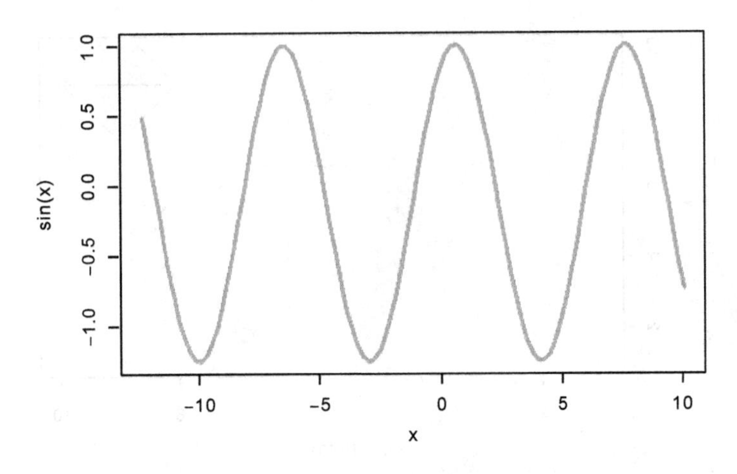

彩图 6 重绘自图 7.10

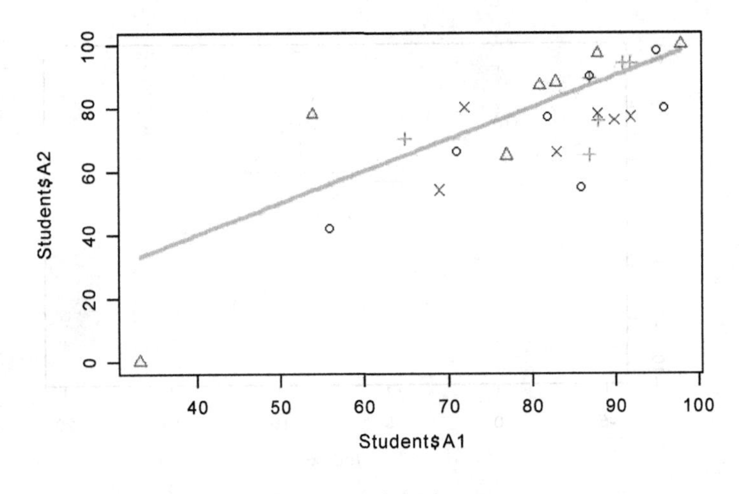

彩图 7 重绘自图 7.12

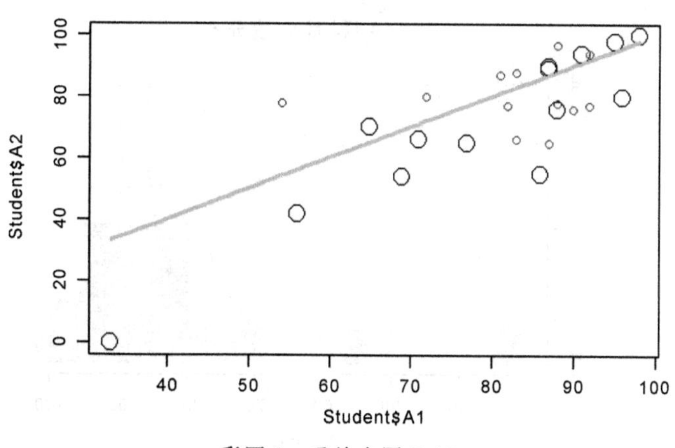

彩图 8　重绘自图 7.13

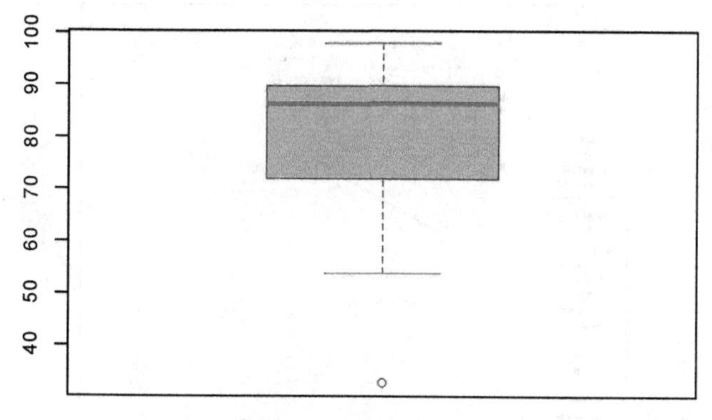

彩图 9　重绘自图 7.15

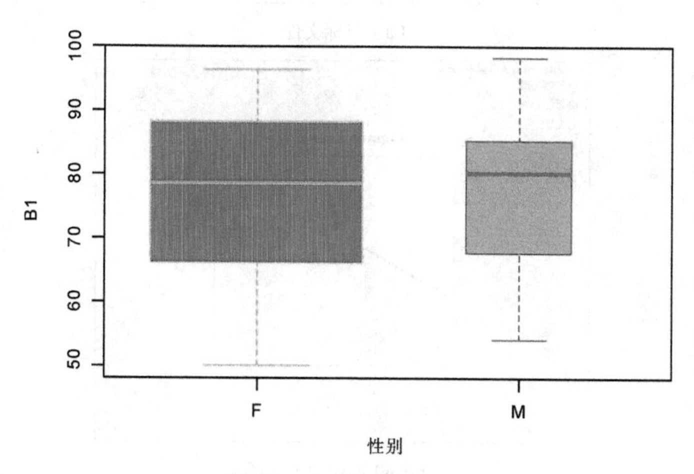

彩图 10　重绘自图 7.20

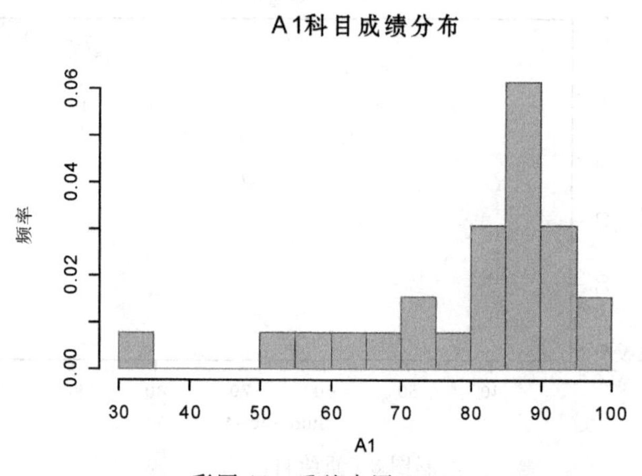

彩图 11　重绘自图 7.22

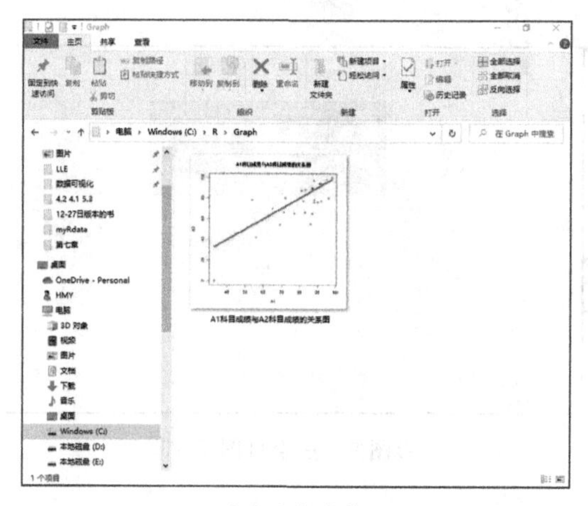

(a) 目标文件

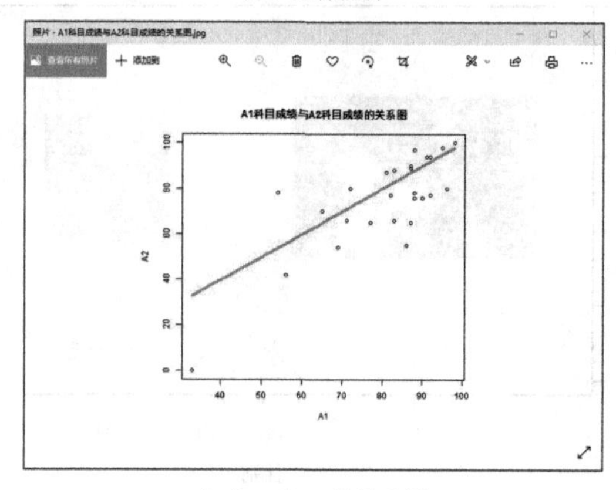

(b) A1和A2的关系图

彩图 12　重绘自图 7.24

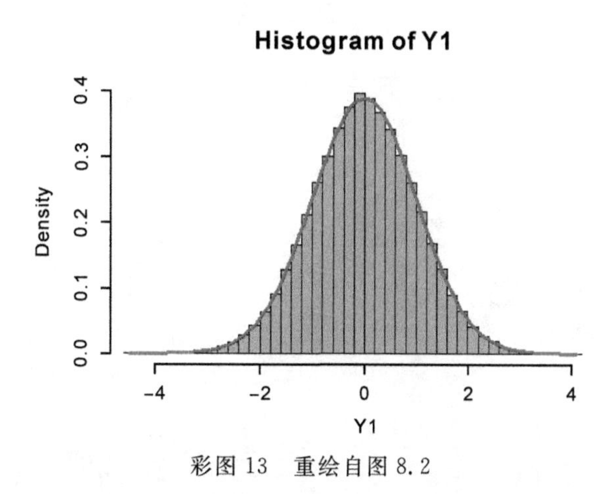

彩图 13　重绘自图 8.2

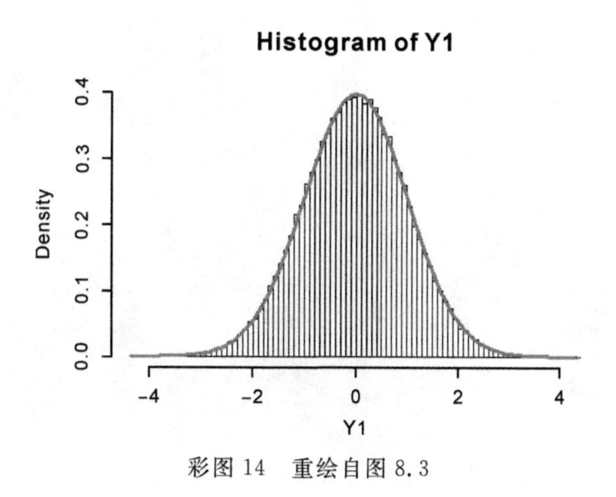

彩图 14　重绘自图 8.3